D.Stretz

heintges
ERFOLGREICH AUSBILDEN & LERNEN

W0466655

Naturschutz

Arbeitsblätter

Entwickelt bei
HEINTGES LEHR- UND LERNSYSTEM GmbH
Leopoldstraße 4, 95615 Marktredwitz, Tel. 09231/4198, Fax: 09231/4199
www.heintges-shop.de

in Zusammenarbeit mit
Herrn Dr. Harald Kilias, Dipl. Biologe
Herrn Klaus Schmidt
Herrn Dr. Wolfgang Völkl, Dipl. Biologe †

Naturschutz und Jagd stehen sich in der Medienlandschaft oft als feindselige Lager gegenüber. Dies spiegelt allerdings nicht die Wirklichkeit auf örtlicher Ebene wider. Dort arbeiten Jäger und Naturschützer in vielen Projekten sehr erfolgreich zusammen. Beide Rechtskreise stellen auch keine Gegensätze dar, sondern ergänzen sich bei einer ganzheitlichen Sichtweise. Nur in vielfältig strukturierten und artenreichen Lebensräumen können auch Wildbestände erhalten werden, die langfristig eine nachhaltige Nutzung durch die Jagd erlauben. Aus diesem Grund haben der Deutsche Jagdverband (DJV) und die Landesjagdverbände auch den Naturschutz in ihre Satzungen und Grundsatzprogramme aufgenommen und wurden nach dem Umwelt-Rechtsbehelfsgesetz (UmwRG) als Naturschutzverbände anerkannt.

Der Naturschutz stellt somit auch einen wichtigen Aspekt bei der Jägerausbildung dar. Noch vor wenigen Jahrzehnten spielte die Vermittlung der Kenntnis von einheimischen Tier- und Pflanzenarten eine wichtige Rolle im Schulunterricht – inzwischen sind solche Themen in den Lehrplänen leider kaum mehr vertreten. Artenkenntnis ist heute nur noch in Ausnahmefällen vorhanden; selbst an den Universitäten wird angehenden Lehrern kaum mehr Artenkenntnis vermittelt. Deshalb gilt es, bei der Vorbereitung zur Jägerprüfung zum einen Grundlagenkenntnisse zu erwerben, zum anderen aber auch das Interesse und das Verständnis für die Vielfalt in der Natur zu wecken: „Nur was ich kenne, kann ich lieben und nur, was ich liebe, kann ich schützen.“ (KONRAD LORENZ).

Der Stoff ist in der vorliegenden Neuauflage neu gegliedert worden. Die dem Praktiker näher stehenden Kapitel über Grundlagen, Ziele und Strategien des Naturschutzes sowie über ökologische Zusammenhänge stehen nun am Anfang. Es folgen die Kapitel über geschützte Pflanzen- und Tierarten und die geschützten Biotope. Die rechtlichen Grundlagen mit den wichtigsten Aussagen des Bundesnaturschutzgesetzes und weiterer Verordnungen sowie der europäischen Rechtsnormen und schließlich dem Aufbau der Naturschutzbehörden sind nach hinten gerückt worden. Da viele Jäger heute auch im Ausland jagen, sollten auch die internationalen Übereinkommen in Grundzügen bekannt sein, um unliebsame Überraschungen zu vermeiden.

Die Kenntnis von ökologischen Zusammenhängen ist für eine moderne Interpretation der Hege wichtig, die auf den Erhalt von geeigneten Lebensräumen und Lebensgemeinschaften abzielt. Dazu gehört als Grundlage eine entsprechende Kenntnis der Tier- und Pflanzenwelt im Revier, denn sie stellen oft die Nahrungsgrundlage für unser Wild dar. Diese Kenntnisse sind auch notwendig, um gegenüber jagdkritischen Naturschützern wissensbasiert argumentieren und diskutieren zu können. Nur der Jäger, der sich eine solide Grundlage im Fachgebiet Naturschutz erarbeitet hat, kann zu Recht behaupten „Die Jäger sind die einzigen geprüften Naturschützer“.

Natürlich können die vorliegenden Arbeitsblätter nur als Leitfaden für eine weitergehende Beschäftigung mit dem Thema Naturschutz dienen. Dies gilt besonders für das Naturschutzrecht, das hier nur in groben Zügen dargestellt werden kann und länderspezifisch im Unterricht ergänzt werden muss. Noch viel mehr gilt es aber für die Darstellung der Artenvielfalt. Hier können wir bei der Fülle der Tier- und Pflanzenarten einen ersten Einstieg bieten, der zu einer weiteren Beschäftigung mit der Fachliteratur (z. B. Vogel- und Pflanzenbestimmungsbücher) über die Jägerprüfung hinaus ermuntern soll. Die Beispiele aus der Praxis in Kapitel 3 zeigen, wie sich ein entsprechendes Wissen bei der Arbeit im Revier umsetzen lässt und wie auch der Einzelne zum Erhalt der Artenvielfalt beitragen kann.

Wir hoffen, dass wir mit unseren Arbeitsblättern auch ein entsprechendes Interesse am Naturschutz über die Jägerprüfung hinaus wecken können und zu einem konstruktiven Miteinander von Jagd und Naturschutz beitragen.

Dr. Harald Kilias

Sicher durch die Jägerprüfung

Arbeitsblätter: **Naturschutz**

Entwicklung und
Konzeptionierung: Dipl.- Ing. Friedhelm Heintges †
Herausgeber: Dipl.- Ing. Wolfgang Heintges
Fachliche Bearbeitung: Dr. Harald Kilias, Dipl. Biologe
Klaus Schmidt
Dr. Wolfgang Völkl, Dipl. Biologe †

Umsetzung, Layout,
grafische Gestaltung: Barbara Heintges
Druck: Medienhaus Weiden
Spintler Druck und Verlag GmbH
Hochstraße 21, 92637 Weiden
Auflage: 32. Auflage 2018 / 2019
Printed in Germany

Geschäftsführer: Dipl.- Ing. Wolfgang Heintges
Geschäftsführerin: Barbara Heintges
Leopoldstraße 4 - 95615 Marktredwitz
Tel.: 09231/4198 - Fax: 09231/4199
www.heintges-shop.de
lehrundlern@heintges.de

ISBN: 978-3-944112-63-3

Jagd und Naturschutz - kein Widerspruch

Auerwild - eine Zielart von Hegeverpflichtung und Naturschutzprogrammen

Naturschutz ist eine gesellschaftliche Aufgabe und lässt sich als „die Gesamtheit aller Maßnahmen zum Erhalt und zur Förderung von wild lebenden Tieren und Pflanzen und von Lebensgemeinschaften sowie zur Sicherung von Landschaften und Landschaftsteilen" definieren. Dazu gehören insbesondere

- **der Erhalt der Artenvielfalt,**
- **der Erhalt der geschützten Lebensräume und**
- **die Sicherung der natürlichen Ressourcen für den Menschen im weiteren Sinn.**

Zum Erreichen dieser Ziele ist ein Zusammenwirken zwischen behördlichem Naturschutz, Verbandsnaturschutz, Landnutzern und Politik notwendig. Vom eigentlichen Naturschutz getrennt betrachtet wird der für Umwelt und Gesellschaft ebenso wichtige technische Umweltschutz, der beispielsweise die Luft- und Gewässerreinhaltung umfasst, aber hier nicht behandelt wird.

Moderne Hegemaßnahmen führen zu 2 wichtigen Ergebnissen:

- Durch **Erhalt und Förderung der Nahrungsgrundlagen** für das Wild wird auch die allgemeine Artenvielfalt verbessert oder gesichert. So benötigen Rebhühner für eine erfolgreiche Aufzucht ihrer Küken eine hohe Dichte und eine Vielfalt an Insekten. Naturschutzmaßnahmen und Hegemaßnahmen laufen hier parallel.

- **Artenreiche Lebensräume** sind immer auch **sehr gute Lebensräume für das Wild**. Dies wird bedingt durch die Vielfalt der Nahrung für alle Wildarten meist über das gesamte Jahr.

Alle Naturschutzmaßnahmen, die dem Erhalt und der Förderung der biologischen Vielfalt sowie dem Erhalt einer strukturreichen Landschaft dienen, verbessern somit auch die Lebensgrundlage für das Wild. Jagd und Naturschutz verfolgen deshalb in weiten Bereichen die gleichen Ziele und sollten deshalb möglichst eng zusammenarbeiten.

Historische Entwicklung des Naturschutzes

Die Anfänge des Naturschutzgedankens in Deutschland gehen bis in die erste Hälfte des 19. Jahrhunderts zurück. Die Sicherung des „Drachenfelses" bei Bonn vor Gesteinsabbau im Jahr 1836 gilt als die Etablierung des ersten deutschen Naturschutzgebietes. International erhielt der Naturschutzgedanke durch die Gründung des weltweit ersten Nationalparks, des „Yellowstone National Park", in den USA im Jahr 1872 wesentliche Aufmerksamkeit. In Deutschland wurde 1906 die „Staatliche Stelle für Naturdenkmäler" gegründet und damit der behördliche Naturschutz institutionalisiert. Dieser sollte Naturdenkmäler katalogisieren und pflegen. Nahezu zeitgleich formierten sich auch die ersten Naturschutzverbände.

In der Verfassung der Weimarer Republik von 1919 wurde Naturschutz erstmals als staatliche Aufgabe anerkannt (Art. 150, Abs. 1). Bereits 2 Jahre später folgte die Gründung des Naturschutzparks „Lüneburger Heide". Die ersten konkreten gesetzlichen Schutzbestimmungen zu Naturschutzgebieten und Naturdenkmälern wurden im Reichsnaturschutzgesetz von 1935 ausformuliert. Dieses bildete gut 40 Jahre später auch die Grundlage für das Bundesnaturschutzgesetz von 1976. Ein weiterer Meilenstein im deutschen Naturschutz war 1970 die Gründung des ersten Nationalparks im Bayerischen Wald.

Ab 1974 liefen in den westdeutschen Bundesländern die ersten sogenannten Biotopkartierungen an, in denen geschützte Lebensräume erfasst wurden. Im Jahr 1979 fand mit der Verabschiedung der Vogelschutzrichtlinie[1] auch europäisches Recht im deutschen Naturschutz Eingang. Mit der Fauna-Flora-Habitat-Richtlinie (FFH-Richtlinie[2]) von 1992 wurde europäisches Recht zu einem wesentlichen Faktor im nationalen Naturschutz.

In seinen Anfangsjahren war der Naturschutzgedanke in Deutschland vor allem von den Bestrebungen geprägt, einzelne – meist markante – Naturschönheiten zu erhalten. Dazu kam ein Artenschutz, der vor allem den Schutz des Individuums (z. B. vor direkter menschlicher Verfolgung) in den Vordergrund stellte. In diesem Sinne agierten zunächst auch die Naturschutzverbände. Erst mit der Verabschiedung des Bundesnaturschutzgesetzes gewann auch der allgemeine Gebietsschutz an (juristischer) Bedeutung, und die Einbeziehung ökologischer Zusammenhänge in Naturschutzkonzeptionen wurde immer stärker in den Vordergrund gestellt. Ab Mitte der 1980er Jahre wurden auch die Land- und Forstwirtschaft in die Konzepte einbezogen. Auslöser waren das sogenannte „Waldsterben" und das „Höfesterben" in der Landwirtschaft. Als Ziele wurden der Erhalt einer artenreichen Kulturlandschaft und die Entwicklung von naturnahen Wäldern formuliert.

Wacholderheide in der Lüneburger Heide

Totholz - ein wichtiger Bestandteil der Lebensgemeinschaft Wald

[1]Richtlinie 79/409/EWG des Rates vom 2. April 1979
[2]Richtlinie 92/43/EWG des Rates vom 21. Mai 1992 zur Erhaltung der natürlichen Lebensräume sowie der wild lebenden Tiere und Pflanzen.

Zielsetzungen des Naturschutzes

Natürliche Höhle im Burgsandstein in der Oberpfalz: ein typisches Winterquartier von Fledermäusen

Biotopkomplex in der reich strukturierten Kulturlandschaft

neue Flussdynamik am Main oberhalb Bamberg

Artenschutz

In seinem Zentrum steht der Schutz der Individuen vor direkter Verfolgung, aber auch vor Störungen, beispielsweise an Brutplätzen und Winterquartieren. Klassische Artenschutzmaßnahmen sind die Sperrung von Fledermaus-Winterquartieren in Höhlen oder das Sammelverbot für heimische Tagfalter-Arten.

Lebensraumschutz

Der Lebensraum- oder Biotopschutz hat sich seit den 1970er Jahren zu einem zentralen Instrument des Naturschutzes entwickelt. Er sichert die Lebensgrundlagen für Arten und Artengemeinschaften und steht meist auch im Mittelpunkt von Managementplanungen. Der Schutz von gefährdeten Biotopen ist gesetzlich vorgeschrieben, doch ist ein Schutz oder Erhalt auch für alle anderen naturnahen Biotope wichtig (z. B. magere Feldraine, Brachflächen).

Biotope können nicht isoliert von ihrer Umgebung betrachtet werden, da sie zahlreichen Einflüssen von außen unterliegen. Ein modern verstandener Biotopschutz ist vom Ökosystemschutz deshalb oft nur schwer zu trennen.

Schutz der Ökosystemfunktionen

Die Funktion von Ökosystemen basiert auf dem Ablauf von typischen Prozessen, die seit etwa 20 Jahren verstärkt im Fokus des Naturschutzes stehen. Dazu gehören beispielsweise die Wiederzulassung einer natürlichen Flussdynamik oder die Ausweisung von Waldreservaten, in denen sich Wälder ungestört (v. a. ohne Nutzung) entwickeln können. Bei Ökosystemen, die vom Menschen geprägt wurden, ist oft der Erhalt einer traditionellen Nutzung wichtig (z. B. Beweidung von Magerrasen).

Schutz der Naturgüter

Der Schutz der Naturgüter „Boden, Wasser, Luft, Klima, Tiere und Pflanzen“ und die Sicherung von wichtigen Funktionsabläufen ist für künftige Generationen überlebensnotwendig. Ein konsequent umgesetzter Naturschutz leistet hierzu einen wichtigen Beitrag, beispielsweise durch den Erhalt von Feuchtflächen für den Grundwasserschutz.

Die Rolle des Naturschutzes im Bundesjagdgesetz

Der Wanderfalke ist eine Federwildart, die auch von den Bestimmungen des Bundesjagdgesetzes profitiert. Hegeauftrag und Naturschutzmaßnahmen sind hier deckungsgleich.

Schwarzwild verursacht nicht nur oftmals hohe Wildschäden, sondern kann bei hoher Dichte auch einen negativen Einfluss auf seltene Reptilienarten und bodenbrütende Vogelarten haben.

Das Bundesjagdgesetz (Fassung vom 8. September 2017) bezieht sich in 3 Paragraphen auf Belange des Naturschutzes.

In **§ 1, Absatz 2**, wird die **Hegeverpflichtung** geregelt. Die aktuelle Formulierung in Satz 1 „Pflege und Sicherung seiner Lebensgrundlagen" beinhaltet somit die Forderung nach einem konsequenten Lebensraumschutz. Nur der Erhalt von strukturreichen Lebensräumen kann die im folgenden Satz geforderte Vermeidung von Schäden in Land-, Forst- und Fischereiwirtschaft gewährleisten.

Dies wird auch in den Regelungen der Länder sehr deutlich. So fordert Art. 43 des Bayerischen Jagdgesetzes den Schutz und die Pflege der natürlichen Lebensgrundlagen und die Bereitstellung von genügend natürlicher Äsung in der vegetationsarmen Zeit. Auch die Zusammenarbeit mit den Grundeigentümern wird ausdrücklich betont, wobei hier die Zusammenarbeit zwischen Jägern und Landwirten die wichtigste Rolle spielt.

§ 19 a verbietet das **Beunruhigen von Wild** und ergänzt somit die Bundesartenschutzverordnung für die Wildarten. Dies wird beispielsweise bei der Sicherung von Horsten seltener Greifvögel (z. B. Wanderfalke, Seeadler, Fischadler) wichtig, aber auch bei der Ausweisung von Wildschutzgebieten für das störungsempfindliche Auerwild. Hier bietet das Jagdgesetz eine wichtige Handlungsgrundlage.

In der Abschussregelung in **§ 21**, Absatz 1, Satz 2, wird der **„... Schutz von Tierarten, deren Bestand bedroht erscheint"** genannt. Dieser Begriff meint zwar vor allem gefährdete Wildarten wie Wanderfalke, Auerwild, Birkwild oder Rebhuhn, kann aber im weiteren Sinne auch auf den Schutz von Arten ausgedehnt werden, die nicht dem Jagdrecht unterliegen, jedoch durch die gezielte Bejagung einzelner Wildarten (z. B. Prädatoren) gefördert werden können.

Ein aktuelles Beispiel ist die Reduzierung der aktuell sehr hohen Schwarzwilddichten. Davon könnten neben vielen bodenbrütenden Vogelarten (z. B. Auerwild) auch gefährdete Reptilienarten wie die Kreuzotter profitieren.

Integration von Jagd und Naturschutz

Der Dualismus in der Jagd (Landnutzung einerseits, Naturschutz durch eine entsprechend betriebene Hege andererseits) bietet viele Möglichkeiten einer Integration von „Nützen und Schützen". Viele Beispiele zeigen, dass Jagd und Naturschutz keinen Widerspruch darstellen. Da die Jägerschaft bei ihren Bemühungen um den Erhalt der Lebensgrundlagen für das Wild eine andere Klientel beeinflussen kann (nämlich die Landnutzer) als der klassische Naturschutz, können sich beide hervorragend ergänzen.

Eine Beweidung von nährstoffarmen Wiesen und die Jagd auf solchen Flächen stellen keinen Widerspruch dar.

Der Fischotter unterliegt dem Jagdrecht (ganzjährig geschont), wird aber auch in Anhang II der FFH-Richtlinie (Seite N 12.4) als eine Art genannt, für die extra Schutzgebiete ausgewiesen werden sollen. Durch die Zusammenarbeit zwischen Behörden, Naturschutzverbänden, Jägerschaft und Fischerei können hier inzwischen erste Erfolge verbucht werden.

An erster Stelle stehen die Bemühungen um den Erhalt der Strukturvielfalt in der Kulturlandschaft. Hier gibt es zwar oft unterschiedliche Zielartenkonzepte seitens der Jägerschaft und des Naturschutzes, doch das Ergebnis ist meist deckungsgleich. Der Erhalt von Hecken und Rainen als Lebensraum für Kleinvögel, Eidechsen und Insekten erhält gleichzeitig auch den Lebensraum und die Nahrungsgrundlage für Feldhase, Rebhuhn und Fasan. Umgekehrt fördern Lebensraum erhaltende und verbessernde Maßnahmen für das Niederwild auch die Artenvielfalt bei Tieren und Pflanzen insgesamt. Weitere Möglichkeiten der Lebensraumverbesserung in der Kulturlandschaft werden exemplarisch auf Seite N 11.9 dargestellt.

Als typisches Beispiel, wie Naturschutzmaßnahmen auch zu einer verbesserten Situation beim Niederwild führen können, dient die zeitweise Beweidung von nährstoffarmen Grünlandstandorten im Rahmen von Landschaftspflegemaßnahmen. Diese Beweidung wurde in der Vergangenheit seitens der Jägerschaft manchmal kritisch diskutiert, da Flächen kurzfristig gezäunt wurden. Allerdings bietet sie sehr viele positive Aspekte für die Niederwildhege. Eine extensive Beweidung erhält artenreiches Grünland, auf dem vor allem Rehwild und Feldhase während der gesamten Vegetationsperiode ein breites Spektrum an Nahrungspflanzen finden. Weiterhin gibt es auf beweideten Flächen keine Verluste an Rehkitzen, Junghasen und Federwildgelegen (vgl. hierzu die teilweise hohen Verluste auf früh gemähten Flächen).

Allerdings sollten Beweidungsprojekte so konzipiert sein, dass (a) einzelne Flächen immer nur kurzfristig beweidet werden (max. 2 Wochen) und (b) im Herbst genügend Flächen mit ausreichender Äsung verbleiben. Dieses potentielle Problem kann durch einen rechtzeitigen Dialog gut gelöst werden.

Eine Zusammenarbeit zwischen Naturschutzbehörden, Naturschutzverbänden und Jägerschaft ist in vielen Bereichen bereits gängige Praxis und zeigt durch viele erfolgreiche Beispiele, dass nur ein Miteinander die Strategie für die Zukunft sein kann. Richtungsweisende gemeinsame Projekte, die auch bundesweit Beachtung finden, sind Artenschutzprogramme für Fischotter, Birkwild und Rebhuhn.

Artenvielfalt - Artqualität - intakte Biotope

Rettung der Artenvielfalt:
Die heimischen Pflanzen- und Tierarten und ihre Lebensgemeinschaften sind das Ergebnis einer langen Entwicklung (Evolution). Diese Vielfalt der Arten zu erhalten ist eine ethische Verpflichtung der Gesellschaft und insbesondere der Naturschutzverbände. Deutschland hat sich aber auch durch Unterzeichnung des Übereinkommens über die biologische Vielfalt (siehe Seite N 12.5) verpflichtet, die Vielfalt der Arten und die Vielfalt ihrer Lebensräume zu erhalten.

Erhaltung der Artqualität:
Ziel der Biodiversitätskonvention ist aber auch, die Vielfalt innerhalb der Arten, d. h. deren genetische Vielfalt zu erhalten. Die Verinselung von Lebensräumen kann zur Minderung dieser genetischen Vielfalt und damit zu einer geringeren „Fitness" von Tieren und Pflanzen führen. Ein Beispiel für die Verinselung von Populationen stellen die in einigen Bundesländern festgelegten Rotwildgebiete dar, die bereits zur genetischen Verarmung von einigen Rotwild-Populationen geführt haben. Hier gilt es durch biotoppflegerische Maßnahmen eine Zusammenführung wieder zu ermöglichen (Trittsteinsystem, Grünbrücken). Aufgabe aller Naturschutzverbände ist es, dieses immer wieder im Planungsprozess einzufordern.

Erhaltung und Wiederherstellung intakter Biotope:
Artenreiche und gesunde Tier- und Pflanzenpopulationen können nur erhalten werden, wenn ihre Lebensräume erhalten bleiben. Eine weitere Zerstörung darf nicht erfolgen. Bereits zerstörte Lebensräume sind, wenn möglich, wieder herzustellen.

Die Ausübung der Jagd hat zum Ziel:
- **die nachhaltige Abschöpfung des nutzbaren Überschusses von Tierpopulationen unter Beachtung der Sozialstrukturen**
- **die Regulierung von Wildbeständen**
- **die Verhinderung von Wildschäden in der Land-, Forst- und Fischereiwirtschaft**
- **den Schutz von Wildarten vor Schäden durch Seuchen, Hunger, Unfall und verwilderten Haustieren**

In unserer Kulturlandschaft dienen alle Maßnahmen der praktischen Jagd auch dem Naturschutz.

Wesentlicher Bestandteil des Jagdrechtes ist die Pflicht zur Hege (BJagdG § 1 (2); ist bei sonst keinem Naturschutzverband festgeschrieben).

Die Ausübung der Hege hat zum Ziel:
- **die Erhaltung eines den landschaftlichen und landeskulturellen Verhältnissen angepassten artenreichen und gesunden Wildbestandes sowie**
- **die Pflege und Sicherung der Lebensgrundlagen des Wildes und seiner Lebensräume**

Biotophege und Biotoppflege

Die Biotophege hat über die allgemeine Hege hinaus zum Ziel, Lebensräume für das Wild zu erhalten, zu verbessern oder neu zu gestalten. Für manche Wildarten, z. B. Rebhühner, Raufußhühner ist die **Biotophege Voraussetzung zur Bestandserhaltung**. Biotophege wird entweder betrieben durch **Ergänzung bzw. Wiederherstellung** noch bestehender, aber nicht mehr voll funktionsfähiger Lebensräume oder durch eine **Vergrößerung** vorhandener funktionsfähiger Lebensräume sowie durch **Vernetzung** dieser Lebensräume.

Die Biotoppflege dient dazu, erhaltenswerte, bestehende Biotope zu bewahren oder diese zu verbessern. Sie unterbricht damit die natürliche Sukzession (= Abfolge von Pflanzen- oder Tiergesellschaften an einem Standort).

Beispiele für Biotoppflegemaßnahmen sind:

- **Entbuschung von Heide und Moor**
- **Wiedervernässung**
- **Pflegemahd von Äsungsflächen**
- **Beweidung mit Schafen**

Die meisten Landesjagdverbände haben Stiftungen bzw. Gesellschaften gegründet, die sich mit der Biotophege und Biotoppflege schwerpunktmäßig befassen und mit entsprechenden anderen Verbänden zusammenwirken. (Der DJV weist in seiner neuen Infoschrift „**Naturschutzprojekte der deutschen Jägerschaft**“ bereits über 30 solcher Projekte aus.)

Wiedereinbürgerung von Wildarten

Rechtliche Grundlagen zu Wiedereinbürgerungsmaßnahmen sind: § 28 BJG sowie die Bestimmungen bzw. Verordnungen der einzelnen Landesjagdgesetze der Bundesländer.

Ausgestorbene Wildarten können nur dann mit Aussicht auf Erfolg wieder eingebürgert werden, wenn

- **die Ursachen für das Aussterben erforscht und beseitigt wurden,**
- **geeignete Biotope (Lebensräume) vorhanden sind oder hergestellt werden können,**
- **die Wiedereinbürgerung nicht zu einer Gefährdung anderer Arten führt.**

Versuche der Wiedereinbürgerung laufen derzeit z. B. für Luchs, Wildkatze, Steinadler, Gänsegeier.

Die Einwanderung großer Raubtiere wie Luchs, Bär und Wolf kann lokal durchaus auf Ablehnung stoßen. Hier ist eine sachliche Diskussion von allen Seiten oberstes Gebot.

Die Wildkatze, in Deutschland Verantwortungsart innerhalb der Strategie zur biologischen Vielfalt, nimmt erfreulicherweise vielerorts wieder zu.

Bestandsstützung gefährdeter Arten

Vorrang vor einer Wiedereinbürgerung hat die Bestandsstützung. Die Jäger beteiligen sich an zahlreichen Aktionen zur Bestandsstützung gefährdeter Arten.

Aktionen (Beispiele):	werden z. B. durchgeführt im ...
Auerhuhnprogramme	Harz, Sauerland, Odenwald, Bayerischer Wald, Fichtelgebirge, Schwarzwald
Birkwildprogramme	Lüneburger Heide, Dellstedter Moor, Lange Rhön, Federsee
Rebhuhnprogramme	Bayern (Tännesberg, Feuchtwangen)
Großtrappenprogramm	Brandenburg
Wanderfalkenprogramm	Oberfranken
Fischotterprogramme	Niedersachsen, Sachsen, Mecklenburg-Vorpommern, Schleswig-Holstein, Bayerischer Wald
Seehundstationen	Schleswig-Holstein, Niedersachsen
Weitere Programme	hierzu zählen verschiedene örtliche Programme wie z. B. Eulenschutz, Uhuschutz, Hohltaubenschutz, Ameisenschutz, Wildkatzenschutz, Nistkastenaktionen etc.

Jagd in Naturschutzgebieten

In nach dem Naturschutzrecht ausgewiesenen Schutzgebieten (z. B. Naturschutzgebiete, Nationalparks, etc.) wird die Jagd durch Verordnungen entsprechend dem Schutzzweck geregelt.

Hierbei können sich unterschiedliche Jagdbeschränkungen und Einschränkungen ergeben, z. B.
- Jagdverbot während der Brutzeit
- Jagdverbot für bestimmte Wildarten trotz Jagdzeit
- Fütterungsverbot
- Untersagung bzw. Einschränkung der Anlage von Wildäsungsflächen (Wildäcker, Wildwiesen)
- Beschränkungen bzw. Untersagung der Errichtung jagdlicher Einrichtungen (z. B. Hochsitze).

Ob in Naturschutzgebieten gejagt werden darf oder hegerische Maßnahmen (z. B. Einrichten von Fütterungen) durchgeführt oder Jagdeinrichtungen (z. B. Hochsitze) eingerichtet oder aufgestellt werden dürfen, hängt vom Schutzzweck des einzelnen Gebietes ab.

In einigen Schutzgebieten lässt sich das Schutzziel beispielsweise nur verwirklichen, wenn die Jagd ausgeübt wird:
- Im Naturschutzgebiet Lange Rhön (Bayern) ist das Überleben des Birkwildes trotz Aussetzaktionen durch die Wildland-Stiftung Bayern nur gesichert, weil dort im Einklang mit den umliegenden Revieren eine intensive Raubwildbejagung durchgeführt wird. Die balzenden Hähne nehmen sogar etwas zu.
- Im Naturschutzgebiet Federsee (Baden-Württemberg) ist das Birkwild trotz Aussetzungsaktionen verschwunden, weil die intensive Bejagung des Raubwildes (z. B. nesträuberische Rabenkrähe) unterblieb.

Nachhaltige Nutzung

Der Mensch lebt nicht losgelöst vom Ökosystem, sondern als Teil dieses Systems zusammen mit und von Pflanzen und Tieren. Ein totaler Schutz von Wildtieren und Wildpflanzen ist jedoch nur in eng begrenzten Gebieten (z. B. Nationalparks) möglich.

In unserer Kulturlandschaft müssen deshalb auch Wildtiere genutzt werden oder sie werden z. B. durch die Landwirtschaft als „Konkurrenten" verdrängt. Eine solche Nutzung soll aber nachhaltig erfolgen, d. h. in einem Umfang, dass die **Art nicht ausgerottet** wird und **nachfolgenden Generationen als nachwachsende Ressource erhalten** bleibt.

Eine Übernutzung von Wildtierpopulationen führt zur Erschöpfung der Ressource, d. h. zur Abnahme der Bestände und kann zur Ausrottung führen.

[3]) IUCN = International Union for Conservation of Nature
[4]) UNEP = United Nations Enviromental Programm
[5]) WWF = World Wildlife Fund For Nature

Die IUCN [3]), UNEP [4]) und der WWF [5]) halten die Jagd für gerechtfertigt, wenn sie folgende Kriterien erfüllt:

Kontrolliertes Abschöpfen von „Überschüssen":

- Wenn die Bejagung zusätzlich zu anderen Todesursachen tritt, darf sie nur so intensiv sein, dass die Gesamtsterblichkeit der Population nicht erhöht wird.
- Das Geschlechterverhältnis und der Altersklassenaufbau sollen nicht so gestört werden, dass ein Ungleichgewicht entsteht, welches der Population schadet.
- Eingriffe in der Jugendklasse schaden der Population am wenigsten, da bei Jungtieren die Mortalität (Sterblichkeitsrate) ohnehin am höchsten ist.

Aufzucht von Jungtieren:
Diese Form der Nachzucht wird bei uns z. B. für Besatzaktionen oder zur Wiedereinbürgerung (z. B. bei Fasanen, Raufußhühnern) in manchen Revieren herangezogen.

Zucht von Tieren in kontrollierter Umgebung:
Diese Aufzuchtform (Farming) wird bei uns mit Rot-, Dam- und Schwarzwild, aber auch mit Sika- und Muffelwild durchgeführt (Wildhandelbeschickung).

Problemthema Trophäenjagd

Kaum ein jagdliches Thema wird in der Öffentlichkeit so heftig diskutiert wie die Trophäenjagd und die damit verbundenen Hegeschauen und Ausstellungen.

Der übertriebene Trophäenkult mancher Jagdscheininhaber und die öffentlichkeitswirksame Unterstützung durch Jagdreise (Abschuss-)angebote in diversen Jagdzeitschriften haben auch viel zu diesem negativen Bild in der Öffentlichkeit beigetragen. Dies spricht nicht gegen die Trophäe als Erinnerung an das Wildtier und das jagdliche Erlebnis. Gemeint ist ein Trophäenfetischismus, der Trophäen nach Maßband, Punkten und möglichen Eintragungen in Rekordbüchern „bucht". Dies führt dann zu Auswüchsen, die der deutschen Jagdtradition und der jagdlichen Wirklichkeit mit dem Abschuss von einem Trophäenträger zu 5 - 7 Stück Schalenwild ohne Trophäe zutiefst widersprechen.

Die IUCN vertritt seit langem die Ansicht, dass die kluge und nachhaltige Nutzung von Wildtieren mit dem Naturschutz im Einklang stehen und zu ihm beitragen kann. Der soziale und wirtschaftliche Gewinn durch die Nutzung von Wildtieren trägt dazu bei, diese Tierarten und ihre Lebensräume zu erhalten. Auch die Trophäenjagd ist eine Form der Nutzung von Wildtieren, die helfen kann, Schutzziele zu erreichen: sie schafft Einnahmen und wirtschaftliche Anreize für das Management und den Erhalt der betreffenden Wildarten und ihrer Lebensräume, und sie trägt zum Einkommen der ortsansässigen Bevölkerung bei (IUCN SSC Leitlinien für die Trophäenjagd als Instrument zur Schaffung von Anreizen für Naturschutz, 2012).

Anlässlich einer Tagung im Europäischen Parlament im März 2018 haben Regierungsvertreter aus Namibia, Südafrika und Simbabwe deutlich gemacht, wie wichtig legale Jagd und zahlende Jagdgäste für die Volkswirtschaften ihrer Länder sind. Die Jagd stellt einen wichtigen Beitrag zur Bekämpfung der Wilderei und zum Erhalt intakter Naturräume dar.

Erhalt und Anlage von Hecken

Illegale Heckenrodung - der Hegebusch oben links wurde komplett entfernt.

Totholz in der Hecke: Sitzwarte für Neuntöter

Die Bedeutung von Hecken für die Artenvielfalt in der Kulturlandschaft wird auf Seite N 11.9 ausführlich dargestellt. Der Erhalt aller noch vorhandenen Hecken ist auch für das Niederwild von hoher Bedeutung. Dazu ist eine regelmäßige Pflege notwendig, bei der die Heckensträucher im Winter (gesetzliche Vorschriften zum Schnittzeitpunkt beachten) in regelmäßigem Turnus fachgerecht „auf den Stock gesetzt" (d. h. ca. kniehohes Abschneiden von Gehölzen) werden. Bei einer geringen Dichte an Hecken im Revier sollte dies möglichst abschnittsweise durchgeführt werden, so dass immer ein Teil der alten Hecke stehen bleibt. Das Schnittmaterial kann entweder in der Hecke verbleiben und verrotten oder als Häcksel zu Heizzwecken verwendet werden. In strukturarmen Gebieten ist die Neuanlage von Hecken eine wichtige Alternative. Da die klassischen Standorte zwischen Grundstücks- oder Nutzungsgrenzen oft zerstört sind, bieten sich vor allem die Ränder von Feldwegen als Standorte an.

Bei der Neuanlage von Hecken gibt es 2 Möglichkeiten:

Pflanzung:
Bei der Neupflanzung von Hecken sollen vor allem die Dornsträucher Weißdorn, Heckenrose und Schlehe berücksichtigt werden, da sie optimale Nistplätze für Heckenvögel bieten. Wildbirne und Wildapfel stellen ein ausgezeichnetes Prossholz für den Feldhasen dar; eine Alternative sind alte Kultursorten, deren Früchte im Herbst geerntet werden können. Daneben sollten auch Salweide und Haselnuss regelmäßig eingebracht werden, da sie eine hohe Vielfalt an Insektenarten aufweisen. Die Salweide ist außerdem als Bienenweide im Frühjahr wichtig.

„Benjes"-Hecke:
Bei der Benjes-Hecke werden keine Sträucher aktiv gepflanzt, sondern es wird auf dem vorgesehenen Geländestreifen Gestrüpp und Astwerk aus einem Heckenschnitt ausgebracht. Durch die im Kot rastender Vögel enthaltenen Samen gelangen standortgerechte Sträucher in die Fläche; die Hecke begrünt sich selbst. Das Astwerk selbst bietet in den ersten Jahren Verbissschutz für die keimenden Pflanzen und auch Deckung für Niederwild. Es verrottet nach dem Hochwachsen der Sträucher und erfüllt als Totholz eine weitere wichtige ökologische Funktion. Ganz wichtig bei der Anlage von Benjes-Hecken ist, dass das aufgeschichtete Astwerk ausreichend grob und sparrig ist. Wenn zu viel feines Astwerk aufgeschichtet wird, verrottet es zu schnell und ein Gestrüpp aus Brennnesseln und anderen Stickstoffzeigern entwickelt sich.

Das Bund Naturschutz Gesetz besagt das zwischen 1.3 - 30.9 nur Pflegeschnitte durchgeführt werden!

Erhalt und Förderung von Waldrändern

Breite strukturreiche Waldränder bieten Lebensraum für eine Vielzahl von Tier- und Pflanzenarten (Bild links). In den letzten 20 Jahren wurde ein Großteil dieses Lebensraumtyps durch intensive Düngung in das angrenzende Grünland integriert oder umgepflügt, so dass die Äcker inzwischen vielfach direkt bis in den Kronentrauf der Bäume reichen (Bild rechts). Ein Erhalt der noch vorhandenen breiten Waldrandbereiche fördert nicht nur die Artenvielfalt, sondern erleichtert auch die jagdliche Bewirtschaftung.

Anlage von Extensivwiesen und Begrünung von Ackerbrachen

Auf Stilllegungsflächen bietet sich die Neuanlage von extensiv genutzten Wiesen an. Für die Begrünung sollte Heusamen von Magerrasen oder sehr artenreichen Wiesen aus der Umgebung verwendet werden, damit eine lokaltypische Artenzusammensetzung gewährleistet ist. Fehlt diese Möglichkeit, sind im Handel Mischungen aus Magerwiesenpflanzen erhältlich. Angelegte Wiesen sollten einmal jährlich Mitte - Ende Juli gemäht werden. Im Sommer bieten solche Wiesen hervorragende Äsung für das Niederwild. Die fettreichen Samen der Korbblütler (z. B. Löwenzahn, Pippau, Bocksbart) helfen der säugenden Häsin bei der Milchproduktion. Aber auch viele Vogelarten nutzen den Insektenreichtum artenreicher Wiesen.

Eine weitere günstige Möglichkeit zur Begrünung von Ackerbrachen ist die von der Bayerischen Landesanstalt für Weinbau und Gartenbau (LWG) entwickelte Mischung „Lebensraum I". Diese enthält landwirtschaftliche Kulturarten (etwa 70 % Samenanteil) und Wildkräuter. Die entstehenden Flächen bieten sowohl ein ganzjähriges Äsungsangebot als auch sehr viel Deckung für das Niederwild. Die Saatmenge, die von der LWG angegeben wird, beträgt ca. 10 kg / ha.

Duldung von Rainen und Altgrasstreifen

Die Duldung und Anlage von breiten Rainen zwischen Feldern und von Altgrasstreifen, z. B. entlang von Feldwegen, fördert vor allem das Rebhuhn. Solche Flächen bieten Deckung und Nistplätze, in denen die Gelege nicht ausgemäht werden. Der Insektenreichtum, insbesondere an Heuschrecken und Ameisen, dient als Nahrungsgrundlage für die Küken. Um den Anflug von Gebüschen zu verhindern, sollten die Flächen alle 3 - 5 Jahre gemulcht werden.

Förderung von Stoppelbrachen

Stoppelbrachen (= abgeerntete Getreidefelder vor dem Umbruch) bieten vor allem im Herbst und Winter günstige Bedingungen für das Niederwild. Die spät wachsenden Wildkräuter dienen als Äsung für Feldhase und Reh, ihre Samen werden gerne vom Rebhuhn genommen. Rebhuhn, Fasan und Feldhase finden auf solchen Flächen vor allem im Herbst eine gute Deckung. Die Überzeugungsarbeit bei den Landwirten zum Belassen von Stoppelbrachen ist eine wichtige Aufgabe der Jägerschaft.

Anlage von Verstecken für Kleintiere

In weiten Bereichen in unserer Kulturlandschaft herrscht inzwischen ein enormes Defizit an Kleinstrukturen, die für viele Tierarten eine wichtige Rolle spielen. Zur Behebung der Strukturarmut sollten an besonnten windgeschützten Stellen an Rainen, Hecken oder Waldrändern **Steinhaufen** (mindestens 1 m x 1 m x 0,5 m) aus grobem Material aus umliegenden Flächen oder **Reisighaufen** (ca. 3 m x 3 m x 0,5 m) angelegt werden. Daneben können auch einzelne dicke Äste oder Stämme deponiert werden, die zum Verrotten im Gebiet bleiben. Die Anlage solcher Strukturen fördert die Artenvielfalt und darf nicht aus sogenannten „ästhetischen Gründen" unterbleiben.

Lebensraumverbesserung und geschützte Biotope

Bei der Schaffung von Wildwiesen und Wildäckern ist die Standortfrage von entscheidender Bedeutung. Solche Flächen dürfen **auf keinen Fall in geschützten Biotopen** nach **§ 30 BNatSchG** angelegt werden (siehe Seite N 11.1). Aber auch artenreiches Grünland, das nur einmal oder zweimal im Jahr gemäht wird, beherbergt eine hohe Artenvielfalt und ist als solches unbedingt erhaltenswert. Auch dort gibt es genügend Äsung und Deckung.

Wildäcker und Wildwiesen sind dort notwendig, wo nicht genügend Äsung oder Deckung zur Verfügung stehen. Dazu gehören die intensiv genutzten Agrarlandschaften oder Waldbereiche mit Nadelwaldmonokulturen. Hier bieten sich Stilllegungsflächen, Ackerstandorte oder intensiv genutzte Wiesen für die Einsaat von Lebensraummischungen an. Im Wald können Wegränder genutzt werden. Bei der Nutzung von Lebensraummischungen muss darauf geachtet werden, dass das Saatgut frei von Samen von aggressiven Neophyten ist. Ein Bezug über den einschlägigen Fachhandel ist deshalb empfehlenswert.

Sowohl falscher Standort als auch gesetzlich verboten: Umbruch eines Borstgrasrasens

Richtiger Standort: Begrünung einer ehemaligen Ackerfläche mit Lebensraum I

Strukturreiche Teiche als Lebensraum für Wasserwild

Strukturreiche Teiche mit vielen Unterwasser- und Schwimmblattpflanzen und einer gut strukturierten Ufervegetation beherbergen eine sehr artenreiche Tierwelt. Sie bieten beispielsweise optimale Laichplätze für viele Amphibienarten und Lebensraum für eine Vielzahl an Libellenarten. Auch für das Wasserwild sind pflanzenreiche Stillgewässer wichtig. So spielen sie für die Entenhege eine bedeutende Rolle. Die Erpel der Stockente sind während der Mauser flugunfähig („Rauerpel") und halten sich in dieser Zeit fast ausschließlich im Wasser auf. Während dieser Periode sind sie auf Teiche angewiesen, in denen sie genügend Wasserpflanzen als Nahrung finden. Insbesondere in Revieren mit gutem Stockentenbesatz kann ein entsprechendes Angebot an solchen Gewässern sehr förderlich wirken.

Ein entsprechender Pflanzenreichtum lässt sich in für den Eigenbedarf genutzten Teichen gut durch einen sehr niedrigen Besatz mit Karpfen und einen Verzicht auf Trockenlegen über Winter erreichen. Kleinere und mittlere Gewässer (bis etwa 500 m^2) können zur Förderung von Wasserinsekten, Libellen und seltenen Amphibienarten auch ganz oder zeitweise fischfrei gehalten werden. Zur Unterstützung des Fischartenschutzes bietet sich ein Besatz mit seltenen Kleinfischen wie Stichling oder Moderlieschen an. Die Duldung einer breiten Röhrichtzone bietet nicht nur Deckung für das Wasserwild, sondern gibt auch den Schützen bei den herbstlichen Entenjagden Deckung.

Tagesverstecke für Fledermäuse

Baumbewohnende Fledermäuse lassen sich durch das Aufhängen von Fledermauskästen fördern, die sowohl als Tagesversteck als auch als Wochenstube dienen können. Fledermauskästen haben entweder einen schmalen horizontalen Einflugschlitz am Kastenboden (Typ A und B) oder vertikale Spalten (Typ C). Die speziellen Flachkästen vom Typ B lassen sich sehr gut direkt an jagdlichen Einrichtungen (vor allem Kanzeln) anbringen und fördern die stark bedrohten Bartfledermäuse. Für die Standortwahl gelten die gleichen Kriterien wie für Vogelnistkästen.

Nistkästen für Vögel

Eine günstige Möglichkeit zur Förderung von höhlenbrütenden Vögeln ist das Aufhängen von Nistkästen. Dabei lassen sich 3 wichtige Nistkastentypen unterscheiden:

- **Geschlossene Nistkästen mit meist rundem Loch in unterschiedlicher Größe:**
  Bei diesem Kastentyp bestimmt die Fluglochgröße (Durchmesser des Fluglochs) welche Art den Kasten nutzen kann. Zu den Maßen der Nistkästen für verschiedene Vogelarten stellt der Landesbund für Vogelschutz in Bayern (http://www.bund-rvso.de/downloads/nistkastengroesse.pdf) eine ausführliche Tabelle zur Verfügung.

  Der Gartenrotschwanz bevorzugt ovale Fluglöcher mit etwa 2,5 m x 3,5 m (Breite x Höhe). Auch Hohltaube und Raufußkauz nehmen gerne ovale Fluglöcher (Höhe etwa 12 cm) an, die in der Form dem Einflugloch einer Schwarzspechthöhle entsprechen. Das Material (Holz, Holzbeton) spielt dabei für die Akzeptanz nur eine sehr untergeordnete Rolle.

- **„Halbhöhlen"kästen für Grauschnäpper, Bachstelze und Hausrotschwanz:**
  Ein Aufhängen von Halbhöhlen ist vor allem im Siedlungsrandbereich oder in Feldgehölzen erfolgversprechend, da die 3 genannten Arten in größeren Waldbereichen kaum vorkommen.

- **Spezielle Kästen mit spaltenförmigem seitlichen Einschlupfloch für Garten- und Waldbaumläufer:**
  Diese können die beiden Baumläuferarten in Waldbereichen fördern, in denen es nur wenig Altholz mit natürlichen Nistgelegenheiten gibt.

Halbhöhlenkasten

Baumläuferkasten

Waldbaumläufer

Beim Aufhängen der Nistkästen sollten die folgenden Kriterien möglichst berücksichtigt werden:

- Flugloch nach Osten (Schutz gegen Regen bei Westwind sowie gegen zu starke Besonnung)
- günstige Anflugmöglichkeit von benachbarten Bäumen
- Kästen für Hohltaube und Raufußkauz sollten in Altbuchenbeständen an glatten unbeasteten Buchen angebracht werden, in Kiefernwäldern an hohen „Spiegelkiefern".

Weitere Möglichkeiten zur Förderung von höhlenbewohnenden Vogelarten sind das Aufstellen von speziellen Schleiereulenkästen (z. B. in Scheunen oder Maschinenhallen) oder von langgestreckten „Niströhren" für den Steinkauz, die vor allem in ausgedehnten alten Streuobstbeständen ausgebracht werden sollten.

Strategien des Naturschutzes

Innerhalb des Naturschutzes lassen sich 3 unterschiedliche Strategien unterscheiden:

- **Artenschutzmaßnahmen** zielen auf den Schutz der einzelnen Individuen einer Art, in der Regel vor direkter Verfolgung oder vor Störung. Zur Durchsetzung des Artenschutzes dienen nationale und internationale Abkommen, Verordnungen oder Richtlinien (BNatSchG, BArtSchV, WA, FFH), die in Kapitel 2 erläutert wurden. Ein weiteres Hilfsmittel im Artenschutz sind die Roten Listen gefährdeter Tier- und Pflanzenarten (s. u.).

- **Biotopschutzmaßnahmen** dienen dem Erhalt der Lebensräume. Die wichtigsten gesetzlichen Grundlagen dafür bieten das Bundesnaturschutzgesetz und die FFH-Richtlinie. Neben den in Kapitel 2 dargestellten Maßnahmen der Flächensicherung spielen hierfür der gesetzliche Schutz von bestimmten Lebensräumen, die Landschaftsflege und Naturschutzprogramme mit Ausgleichszahlungen für eine Einschränkung der Bewirtschaftung eine wichtige Rolle.

- **Der Schutz der Naturgüter „Wasser, Boden, Luft, Klima"** wird aufgrund seiner Bedeutung für den Menschen durch eine Vielzahl an weiteren Gesetzen und Verordnungen geregelt.

Die **Durchsetzung der gesetzlichen Grundlagen** ist die **Aufgabe der Naturschutzbehörden**. Für die **Akzeptanz von Naturschutzmaßnahmen bei der Bevölkerung**, und damit auch für die Berücksichtigung des Naturschutzes in der Politik, sorgen die nach **§ 3 des Umwelt-Rechtsbehelfsgesetzes** (UmwRG) vom Bund anerkannten Vereinigungen. Deren **Beteiligungsrechte** sind im **§ 63 BNatSchG** geregelt. Dazu zählen z. B. der Bund für Umwelt- und Naturschutz in Deutschland (BUND), der Naturschutzbund Deutschland (NABU) und der Deutsche Jagdverband (DJV) sowie die meisten Landesverbände des DJV (siehe Seite N 13.1).

Der Schutz des Individuums

Der Schutz attraktiver und seltener Tier- und Pflanzenarten geht auf die Anfänge der Naturschutzbewegung zurück. Aus der Erkenntnis, dass diese Arten durch übermäßige Nutzung aussterben könnten, wurden zunächst Sammel- und Jagdverbote erlassen. Typische Beispiele hierfür waren:

- Enzianarten
  (Sammeln der Wurzelstöcke zum Schnapsbrennen)
- Edelweiß (als beliebte Symbolpflanze)
- Steinbock (wurde wegen angeblich heilkräftiger Körperteile in weiten Teilen der Alpen ausgerottet)

In Deutschland ist der Schutz des Individuums in jüngster Zeit nur noch einer von vielen Aspekten. International nimmt er jedoch weiter eine wichtige Rolle ein, insbesondere für den Erhalt großer Säugetierarten und vieler Vogelarten, bei denen der illegale Handel (z. B. große Papageienarten, Handel mit den Fellen von gefleckten Katzen) und die Wilderei (z. B. Tiger, Nashorn) eine herausragende Rolle bei der Gefährdung spielen.
Für den Jäger bedeutet dies, dass er sich für die Auslandsjagd mit den internationalen Vorschriften, insbesondere mit dem Washingtoner Artenschutzübereinkommen, gut vertraut machen muss.

Artenschutz - Rote Listen

Rote Listen sind Kataloge von **Tier- und Pflanzenarten**, die innerhalb eines genannten Bezugsraumes (z. B. Deutschland oder die einzelnen Bundesländer) aufgrund **einer starken Populationsabnahme als gefährdet** angesehen werden. Als Grundlage hierzu dienen langjährige Beobachtungen von Fachleuten (bei Säugetieren und Vögeln u. a. die Jägerschaft). Gefährdeten Arten wird bei der Konzeption von Schutzmaßnahmen eine besondere Aufmerksamkeit gewidmet. In den Roten Listen werden der Gefährdungsgrad und häufig auch die Gefährdungsursachen genannt. In den Internationalen „Red Data Books" (= Rote Listen) werden für weltweit gefährdete Arten auch Maßnahmenvorschläge zur Erhaltung erläutert.

Die „Red Data Books" der IUCN (Internationale Union zum Erhalt der Natur) unterscheiden die folgenden wichtigen internationalen Gefährdungskategorien:

Bez.	Begriff	Bedeutung
EX	Extinct	ausgestorben oder verschollen
EW	Extinct in the Wild	in freier Wildbahn ausgestorben
RE	Regionally Extinct	regional ausgestorben
CR	Critically Endangered	vom Aussterben bedroht
EN	Endangered	stark gefährdet
VU	Vulnerable	gefährdet
NT	Near Threatened	potenziell gefährdet
LC	Least Concern	nicht gefährdet
DD	Data Deficient	ungenügende Datengrundlage
NE	Not Evaluated	nicht beurteilt

Auf nationaler Ebene werden abgeänderte Gefährdungskategorien verwendet.

Bez.	Bedeutung
0	ausgestorben oder verschollen
1	vom Aussterben bedroht
2	stark gefährdet
3	gefährdet
G	Gefährdung unbekannten Ausmaßes
R	extrem selten
V	Vorwarnliste (noch ungefährdet, verschiedene Faktoren könnten eine Gefährdung in den nächsten 10 Jahren herbeiführen
D	Daten unzureichend

Bedrohte Wirbeltierarten in Deutschland (ohne Fische) (Quelle: BfN 2009)

Klasse	ausgestorben	v. Aussterben bedroht	stark gefährdet	gefährdet	Arten in Deutschland insgesamt
Säugetiere	11 Arten	8 Arten	9 Arten	4 Arten	96 Arten
Vögel	16 Arten	30 Arten	24 Arten	14 Arten	260 Arten
Kriechtiere	-	4 Arten	3 Arten	1 Arten	13 Arten
Lurche	-	-	2 Arten	5 Arten	20 Arten

Feldhase und Rebhuhn stehen aufgrund ihres starken Rückgangs auf der Roten Liste. Die Bejagung ist trotzdem weiterhin möglich, wird aber nur noch in Gebieten mit guten Besätzen durchgeführt.

Rote Listen haben keine Gesetzeskraft, allerdings kann das **Vorkommen von gefährdeten Arten bei Eingriffen in Natur und Landschaft** eine durchaus **wichtige Bedeutung** haben.

Ausgestorbene Arten in Deutschland sind beispielsweise Wisent, Elch und Gänsegeier. Vom Aussterben bedroht sind Fischotter, Rohrdommel, Wachtelkönig, Auerwild und Birkwild, als stark gefährdet werden u. a. Feldhamster, Steinadler, Ziegenmelker, Kreuzotter und Laubfrosch eingestuft, zu den gefährdeten Arten zählen u. a. mehrere Fledermausarten, Baumfalke, Heidelerche und Ringelnatter.

Die Aufnahme einer jagdbaren Tierart in die Rote Liste des Bundes oder der Länder hat **keine Auswirkungen auf die Schusszeit**, wie die Beispiele Rebhuhn (bundesweit stark gefährdet), Krickente (z. B. in Bayern stark gefährdet) und Feldhase (bundesweit gefährdet) zeigen. Dessen Besatz sollte zweimal jährlich (Frühjahr – Herbst) durch Scheinwerferzählung ermittelt werden.

wieso ist die Natur in Deutschland gefährdet?
-Entwässerung; Land u. Forstwirtschaftliche Nutzung usw.

Biotopschutz

Das BNatSchG fordert die Länder auf, ein Netz verbundener Biotope (**Biotopverbund**) zu schaffen, das mindestens 10 Prozent der Fläche eines jeden Landes umfassen soll (§ 20). Damit soll verhindert werden, dass Biotope im Rahmen der stetig fortschreitenden Intensivierung in der Landnutzung in ihrer Flächenausdehnung noch weiter schrumpfen. Neben der Möglichkeit, Flächen durch Verordnungen zu schützen (siehe Seite N 12.1 – N 12.7) gewährt das Bundesnaturschutzgesetz darüber hinaus in § 30 einer Reihe von Biotopen einen generellen gesetzlichen Schutz. Insbesondere der Erhalt der Feuchtlebensräume ist dabei nicht nur für eine Vielzahl an Tieren und Pflanzen sehr wichtig, sondern ist auch für die Grundwasserneubildung und die Hochwasserrückhaltung von Bedeutung. **Für den Jäger ist die Kenntnis der gesetzlich geschützten Biotope (siehe Seite N 11.1 - 11.9) wichtig, denn auf solchen Flächen dürfen auf keinen Fall Wildäcker oder Wildwiesen angelegt werden.**

§ 30 Gesetzlich geschützte Biotope

3 Stück wissen

„(1) Bestimmte Teile von Natur- und Landschaft, die eine besondere Bedeutung als Biotope haben, werden gesetzlich geschützt (allgemeiner Grundsatz).

(2) Handlungen, die zu einer Zerstörung oder einer sonstigen erheblichen Beeinträchtigung folgender Biotope führen können, sind verboten:

1. *natürliche oder naturnahe Bereiche fließender und stehender Binnengewässer einschließlich ihrer Ufer und der dazugehörigen uferbegleitenden natürlichen oder naturnahen Vegetation sowie ihrer natürlichen oder naturnahen Verlandungsbereiche, Altarme und regelmäßig überschwemmte Bereiche,*
2. *Moore, Sümpfe, Röhrichte, seggen- und binsenreiche Nasswiesen, Quellbereiche, Binnenlandsalzstellen,*
3. *offene Binnendünen, offene natürliche Block-, Schutt- und Geröllhalden, Lehm- und Lösswände, Zwergstrauch-, Ginster- und Wacholderheiden, Borstgrasrasen, Trockenrasen, Schwermetallrasen, Wälder und Gebüsche trockenwarmer Standorte,*
4. *Bruch-, Sumpf- und Auwälder, Schlucht-, Blockhalden- und Hangschuttwälder, subalpine Lärchen- und Lärchen-Arvenwälder*
5. *offene Felsbildungen, alpine Rasen sowie Schneetälchen und Krummholzgebüsche,*
6. *Fels- und Steilküsten, Küstendünen und Strandwälle, Strandseen, Boddengewässer mit Verlandungsbereichen, Salzwiesen und Wattflächen im Küstenbereich, Seegraswiesen und sonstige marine Makrophytenbestände, Riffe, sublitorale Sandbänke der Ostsee sowie artenreiche Kies-, Grobsand- und Schilfbereiche im Meeres- und Küstenbereich.*

Die Verbote des Satzes 1 gelten auch für weitere von den Ländern gesetzlich geschützte Biotope."

Verlandungszone, z. B. Lebensraum für Seerose, Frösche, Ringelnatter und viele Wasservögel

Moor, z. B. Lebensraum von Sonnentau, Wollgras, Kreuzotter

Neozoten, Klimawandel

Erhalt der biologischen Vielfalt

Die biologische Vielfalt oder Biodiversität beinhaltet die genetische Vielfalt (bezogen auf eine bestimmte Art), die Vielfalt der Arten und die Vielfalt ihrer Lebensräume. Der Erhalt der Biodiversität auf allen Ebenen ist auch das Ziel der Biodiversitätskonvention (siehe Seite 12.5), die auch Deutschland unterzeichnet hat.

In Deutschland gibt es 3 wichtige Landschaftskomplexe mit überdurchschnittlich hoher Artenvielfalt:

- Flussauen und ihre Einzugsbereiche } ursprüngliche (= primäre) Lebensräume
- strukturreiche Wälder mit hohem Laubholzanteil } ursprüngliche (= primäre) Lebensräume
- die traditionelle reich strukturierte Kulturlandschaft als anthropogener (= sekundärer) Lebensraum

Flussauen

Ursprüngliche Flussauen sind durch ein **Mosaik aus Gewässern** (= aquatischen Lebensräumen), **Auwäldern** und **Gebüschen** und **Sonderstandorten** gekennzeichnet (z. B. offene Kiesbänke, Abbruchkanten, krautreiche Fluren im Überschwemmungsbereich, oftmals sogar Trockenstandorte). Dadurch entstand auf engem Raum eine Vielfalt an sehr unterschiedlichen Lebensräumen, die einer entsprechend hohen Artenvielfalt Raum boten. Voraussetzung dafür war allerdings eine ungehinderte Flussdynamik, die durch Flussumlagerungen und Geschiebetransport (=Transport von Kies und Geröll) die Lebensräume bei den Hochwässern immer wieder neu gestaltete.

der begradigte Main – die Artenvielfalt ist stark reduziert

renaturierter Abschnitt mit Kiesbank, Hochstaudenflur und Weidengebüsch – ein Zentrum der Artenvielfalt

Durch Flussbegradigungen und Eindeichungen ist eine entsprechende Flussdynamik heute kaum noch möglich, unsere Flussauen sind weitgehend zerstört. Trotzdem bietet sich auch im dicht besiedelten Mitteleuropa vielfach die Möglichkeit, die **Flussauen zu renaturieren**.

Damit können 3 Ziele erreicht werden: **Hochwasserschutz**, **Grundwasserschutz** und **Erhöhung der Artenvielfalt**. Paradebeispiele für solche „Renaturierungen" finden sich an der Weser bei Höxter und am oberen Main zwischen Bamberg und Lichtenfels. Voraussetzung für solche Maßnahmen sind ein entsprechender politischer Wille sowie der Ankauf breiter Ufergrundstücke durch die Wasserwirtschaft, um Flusslaufänderungen zu ermöglichen. Die Kosten für solche Renaturierungen sind selbst kurzfristig deutlich geringer als die immer häufiger auftretenden Hochwasserschäden.

Flussrenaturierungen haben auch einen ausgesprochen **positiven Effekt auf das Niederwild**. Am oberen Main nahmen neben dem Wasserwild in den renaturierten Bereichen mit Feldhase und Rebhuhn unter anderem 2 typische Arten der Kulturlandschaft stark zu. Sie profitierten vor allem vom Wechsel zwischen halboffenen strukturreichen Kiesflächen und Hochstaudenfluren mit Beifuß und Rainfarn.

Der Erhalt der biologischen Vielfalt - Strukturreiche Wälder

Die Artenvielfalt in Wäldern wird vor allem durch die folgenden Faktoren wesentlich beeinflusst:

- **die Anzahl an Gehölzarten**: je höher die Gehölzartenzahl, desto artenreicher die Tierwelt
- **den Anteil an Totholz:** vom Totholz profitieren vor allem eine Vielzahl an Insekten- und Pilzarten, aber auch Spechte und andere Höhlenbewohner, darüber hinaus bietet liegendes, vermoderndes Totholz ein gutes Keimbett für Samen von Waldbäumen und fördert somit die Naturverjüngung
- **der Altersaufbau:** je vielschichtiger der Altersaufbau, desto höher die Tier- und Pflanzenartenzahl
- **der Anteil an Freiflächen:** Freiflächen und Blößen sind Teil des Ökosystems Wald; je höher ihr Anteil, desto höher die Anzahl an typischen „Waldrandarten“ (d. h. Arten der Lichtungen) und an lichtliebenden Waldarten.

Urwälder mit einer entsprechenden Struktur- und Artenvielfalt fehlen in Mitteleuropa derzeit weitgehend. Diese kann aber auch in Wirtschaftswäldern erreicht werden. Voraussetzungen dafür sind:

- das Tolerieren eines entsprechend hohen Totholzanteils (von dem keine Gefahr für das Nutzholz ausgeht!)
- die Akzeptanz einer artenreichen Baum- und Strauchschicht (anstelle einer einseitigen Förderung weniger Wirtschaftshölzer)
- der Verzicht auf Pestizideinsatz im Wald
- die Anwendung unterschiedlicher forstlicher Nutzungsformen, die für ein Nebeneinander von lichten und strukturreicher Mischwald mit Naturverjüngung aus Edellaubhölzern schattigen Waldstrukturen sorgen.

strukturreicher Mischwald mit Naturverjüngung

Traditionelle Kulturlandschaft

N.B

Die traditionelle extensiv genutzte Kulturlandschaft war durch eine Vielfalt an Strukturen und Nutzungen geprägt. Dazu gehören trockene und feuchte Wiesen mit unterschiedlicher Nutzungsintensität, Weiden, Ackerstandorte unterschiedlichster Nutzung (Getreide, Kartoffel, weitere Hackfrüchte), Brachen, Hecken und breite Raine. Zusammen mit kleinräumig unterschiedlichen Standortbedingungen führt dies zu einer enorm hohen Artenvielfalt bei Pflanzen und Tieren. Diese Struktur- und Artenvielfalt ging durch die Intensivierung in der Landwirtschaft (große Schläge, Anbau nur noch weniger Kulturpflanzenarten, Roden von Hecken, umpflügen der Feldraine) in den letzten 50 Jahren weitgehend verloren (siehe Seite N 5.1 und N 5.2).

Ein Ziel des Naturschutzes und der Landschaftspflege ist deshalb der Erhalt der Artenvielfalt in der Kulturlandschaft. Dazu gibt es verschiedene Instrumente:

- **Vertragsnaturschutz und Agrarumweltprogramme:** Agrarumwelt- und Klimamaßnahmen (AUKM) sind freiwillige Maßnahmen, bei denen sich Landwirte verpflichten, natur- und umweltverträgliche landwirtschaftliche Arbeitsmethoden anzuwenden, die über die gesetzlichen Vorschriften hinausgehen, z. B. reduzierter Einsatz von Dünger- und Pflanzenschutzmitteln, naturschutzgerechte Grünlandnutzung, Landschafts- und Biotoppflegemaßnahmen, Flächenstilllegung von Ackerflächen. Maßnahmen die besonders positive Effekte für die Erhaltung und Förderung der biologischen Vielfalt haben, sind z. B. die Anlage von Ackerrandstreifen, die Umwandlung von Acker in extensives Grünland sowie die Streuobst- und Heckenpflege (Vertragsnaturschutz). Hierfür gibt es unterschiedliche Förderprogramme in den einzelnen Ländern.

- **Landschaftspflegeverbände** haben den **Erhalt der extensiv genutzten Kulturlandschaft** zum Ziel. Die Verbände sind ein paritätischer Zusammenschluss aus Kommunen, Landwirtschaft, Jägerschaft und Naturschutz. Sie organisieren in ihrem Einzugsbereich die Pflege der Kulturlandschaft. Dazu gehören die Sicherung der Nutzung von extensiven Grünlandstandorten durch Mahd oder Beweidung, die Pflege von bestehenden Hecken und Streuobstbeständen, aber auch die Neuanlage von Hecken, Kleinstrukturen oder Streuobstbeständen.

Heckenpflege mit der Motorsäge

Biotopvernetzung, Biotopverbund

Durch den Verlust vieler Saum- und Kleinstrukturen infolge der intensivierten Landnutzung, aber auch durch den Flächenverbrauch für Siedlungen, Gewerbeflächen und Straßen, sind viele Lebensräume inzwischen unterschiedlich stark isoliert („Lebensraumfragmentierung"); es kommt zur sogenannten „Verinselung" von Lebensräumen. Den dort lebenden Tier- und Pflanzenarten ist oftmals der Kontakt zu anderen Populationen der gleichen Art erschwert oder gar unmöglich (vergleiche Arbeitsblatt 4.1 / 4.2). Die Größe der einzelnen Teillebensräume hat oft so stark abgenommen, dass bestimmte Arten dort langfristig nicht überleben können. Kontakte zu anderen Populationen sind überlebensnotwendig („**Biotopvernetzung, Biotopverbund**"). Die Isolierung kann zu Inzuchteffekten mit negativen Auswirkungen führen. Es gibt 2 Möglichkeiten, Biotope zu vernetzen.

1. Die Schaffung von direkten (meist linienartigen) Verbindungen, entlang derer Tierarten wandern können.

Dazu gehören in der Kulturlandschaft die Anlage von Hecken und Feldrainen oder anderen extensiv genutzten Strukturen. Breite Waldwege können als Ausbreitungskorridore für Reptilien, Amphibien, Tagfalter und viele Pflanzenarten dienen. Tier- und Pflanzenarten mit geringen Flächenansprüchen bieten sie auch Dauerlebensräume. Naturnahe oder renaturierte Uferbereiche von Fließgewässern bilden Verbindungslinien im und am Gewässer.

Auch die Entfernung von Wanderungsbarrieren dient der Biotopvernetzung. So können z. B. Fichtenaufforstungen die Wiesen eines Talzuges trennen. Anspruchsvolle Tagfalter- und Heuschreckenarten werden dadurch bei lokalen Ortswechseln stark eingeschränkt. Durch die Umwandlung solcher Fichtenriegel in Grünland kann die Verbindung wieder hergestellt werden.

Ein bekanntes Beispiel für die Zerschneidung des Lebensraums und die Verinselung von Populationen ist das Rotwild. In mehreren Bundesländern sind Rotwildgebiete (Rotwildbezirke) ausgewiesen. Außerhalb dieser Gebiete soll das Rotwild abgeschossen werden. Oft sind die Gebiete relativ klein und die Möglichkeit, in andere Gebiete abzuwandern bzw. zwischen Sommer- und Wintereinstand zu wandern, ist dem Rotwild verwehrt.

2. Die Schaffung von „durchlässigen Strukturen".

Sonderstandorte wie Moore oder Felslebensräume außerhalb der Alpen können nicht durch linienartige Strukturen miteinander vernetzt werden. Hier ist es wichtig, dass die Lebensräume, die zwischen solchen Sonderstandorten liegen, gut überwindbar sind. Beispiele hierfür sind lichte Waldbereiche zwischen Felskuppen (z. B. Jura- und Sandsteinfelsen) oder extensiv genutztes Grünland zwischen Niedermoorflächen.

Waldwege als Ausbreitungskorridore für viele Tier- und Pflanzenarten

Rotwild im (oft ungeeigneten) Wintereinstand

Die **Biotopvernetzung (Biotopverbund)** dient der dauerhaften Sicherung der Populationen wild lebender Tiere und Pflanzen einschließlich ihrer Lebensstätten, Biotope und Lebensgemeinschaften sowie der Bewahrung, Wiederherstellung und Entwicklung funktionsfähiger ökologischer Wechselbeziehungen **(§ 21 BNatSchG)**.

Sicherung der Ressourcen: Naturgüter Boden, Wasser, Luft, Klima, Tiere und Pflanzen

N.3

Durch die moderne Überflussgesellschaft mit ihrem erheblichen Verbrauch an natürlichen Ressourcen sind unsere Naturgüter weltweit gefährdet. **Die Bewahrung unserer Naturgüter und die Sicherung der natürlichen Ressourcen ist eine vordringliche Aufgabe der Gesellschaft und somit von uns allen!**

Trinkwasser ist unser wichtigstes Lebensmittel.

Wasser ist ein wichtiger Baustoff und Lebensgrundlage für Pflanzen, Tiere und den Menschen. Es ist Lösungs- und Transportmittel im Organismus und in der Umwelt. Darüber hinaus ist es Umwelt und Lebensraum für eine Vielzahl von Lebewesen.

In zunehmendem Maße kommt es in Fließgewässern und auch im Grundwasser zu Verunreinigungen, z. B. durch Nitrate und Pestizide aus der modernen Landwirtschaft und dem Verkehr (z. B. Streusalze). Abwässer aller Art aus Industrie und Haushalten bringen Schwermetalle, PCB[1)] und sonstige Abfälle in die Gewässer.

Auswirkungen des „Sauren Regens" lassen unsere Gewässer vielfach versauern.

Beispiel einer Quelle. Das aus der Felsspalte herausschießende Wasser und die feuchten Randgebiete sind gleichermaßen zu schützende Lebensräume.

Ein gesunder Boden ist ein Boden voller Leben.

In der freien Natur hat jeder Boden seine speziellen Pflanzengesellschaften und reagiert empfindlich auf alle Eingriffe und Schädigungen. Es gibt die unterschiedlichsten Bodenarten. Sie unterscheiden sich voneinander durch mengenmäßig differenzierte Zusammensetzungen von mineralischen Teilchen verschiedener Substanzen und Korngrößen. In der Landwirtschaft ist der Boden die wichtigste Erzeugergrundlage.

Landwirtschaftliche Flächen kann man leicht überdüngen, dies geschieht z. B. häufig im Einzugsbereich von Großmästereien. Deren Problem ist der in großen Mengen anfallende Schwemmmist (Gülle). **Auf mit Schwemmmist überdüngten Flächen wird aber jedes Leben im Boden schwer geschädigt.**

Die Luft ist ein für Pflanzen, Tiere, Mensch und viele Abläufe im Naturhaushalt lebensnotwendiges Naturgut.

Unsere Luft besteht aus Stickstoff (ca. 78 %), **Sauerstoff** (ca. 21 %), **Kohlenstoff** (ca. 0,03 %) und **diversen Edelgasen** (in geringen Mengen). Die Luft wird zunehmend belastet durch Freisetzen von u. a. Schwefeldioxid, Stickoxiden, Kohlenwasserstoffen und verschiedenen Schwermetallen (z. B. Blei, Cadmium).

Alle Schadstoffe aus hohen Kaminen oder hohen Lagen bleiben tage- und wochenlang in der Luft. Der Wind kann sie über tausende Kilometer weit transportieren, man spricht von luftgetragenen Schadstoffen.

Als Niederschläge kommen sie zurück auf die Erde (z. B. als „Saurer Regen" in Form von Schwefel- oder Schwefliger Säure sowie Salpetersäure oder als Schwefel- bzw. Stickstoffverbindungen) und verändern die Böden. Diesen Vorgang nennt man **Immission**. Pflanzen werden entweder direkt (durch Nebel: Einwirken von Schadstoffen auf Blätter oder Nadeln) oder indirekt durch Versauerung bzw. Düngung der Böden geschädigt.

*) PCB = Polychlorierte-Biphenyle,
Substanzen aus der Kunststoffherstellung, dienten als Weichmacher in Klebstoffen, Holzschutzmitteln etc.

Naturschutz und moderne Landwirtschaft - Grünland

Ein Hauptproblem für den Naturschutz in der Kulturlandschaft stellt die stetig fortschreitende Intensivierung in der Landwirtschaft dar.

Produktionsdruck, Preisdruck und eine ständig wechselnde Subventionspolitik seitens der EU führten zu einer Abnahme der Anzahl von Betrieben („Höfesterben"), bei den verbleibenden Betrieben zu entsprechender Zunahme der Flächengröße und der Viehdichte (vor allem beim Milchvieh). Gleichzeitig kam es zu strukturellen Umstellungen in der Bewirtschaftung mit einer erheblichen Zerschneidung der Landschaft und Fragmentierung der Lebensräume, die letztlich zu einem deutlichen Verlust vieler Arten in der Kulturlandschaft führten.

Die wichtigste Änderung für die Artenvielfalt im Grünlandbereich war die

- **Umstellung von Heugewinnung auf Gras-Silage** und parallel dazu die
- **großflächige Ausbringung von Gülle** (Schwemmmist) anstelle einer Trennung von Festmist und Jauche. Gleichzeitig nahm die Größe der Maschinen zu. Für die Artenvielfalt haben vor allem die enorme Verbreiterung der Kreiselmähwerke und die inzwischen hohe Mähgeschwindigkeit drastische Folgen.

Wesentliche Auswirkungen dieser Entwicklung waren:

- **Vorverlegung der ersten Schnittzeitpunkte** um mehr als 4 Wochen
- **Erhöhung der Anzahl an Wiesenschnitten** (zur Silagegewinnung) im Intensivgrünland auf bis zu 7 Schnitte pro Jahr
- **mehrmaliges Ausbringen von Gülle** pro Jahr im Intensivgrünland, meist kurz nach dem Schnitt
- Ausbringen von Gülle zur ungünstigen Zeit (gefrorener Boden, Schneelagen) und bis in Gewässernähe führt dies darüber hinaus zu einer **Nährstoffanreicherung der Gewässer (Eutrophierung)**.

Für Pflanzen- und Tierwelt ergaben sich folgende Konsequenzen:

- die **hohe Schnitthäufigkeit** verhindert bei den meisten Pflanzen eine Blüte und verdrängt viele Arten
- die häufige Düngung führt zu höherer Halmdichte bei Gräsern und damit zu **verändertem Mikroklima** am Boden (schattiger, kühler, feuchter)
- **stickstoffliebende Pflanzenarten** nehmen stark zu

Der Pflanzenartenreichtum nimmt stark ab - anspruchsvolle Pflanzenarten verschwinden, es bleiben nur Gräser und wenige Blütenpflanzen übrig.

- durch die Reduzierung der Blütenpflanzen nimmt die Anzahl an **blütenbesuchenden Insekten** (Schmetterlinge, Fliegen, Käfer) stark ab
- häufiger Schnitt **schädigt viele Insekten** direkt
- bei der mehrmaligen **Gülleausbringung** werden Insekten und ihre Larvenstadien **oft direkt geschädigt**
- die Bodenfauna (insbesondere Regenwürmer) nimmt ebenfalls stark ab
- das **Mikrorelief** des Bodens (kleine Erhebungen etc.) wird durch die mehrmalige Mahd mit starkem Mähwerk **zerstört;** dies wirkt sich negativ auf die Insekten- und Spinnendichte aus

Die Artenzahl und die Zahl der Individuen einer Tierart nehmen drastisch ab.

Auch für das Niederwild ergaben sich daraus wesentliche Konsequenzen:

- die **Anzahl an ausgemähten Gelegen** von Federwild und die Anzahl von **toten Kitzen oder Junghasen nahm stark zu**, trotz vieler Anstrengungen, dies zu verhindern (z. B. mit modernen Wildrettern)
- sehr spät im Jahr ausgebrachte Gülle (ab Ende Oktober bis Ende November) wird nur sehr langsam abgebaut; auf waldnahem Grünland gehen damit wichtige **Äsungsmöglichkeiten für das Rehwild verloren**, das in den Wald ausweichen muss; als Konsequenz kann der Verbiss im Wald zunehmen
- die stark reduzierte Vielfalt der Pflanzenarten **reduziert die Qualität des Äsungsangebots** vor allem für Rehwild und Feldhase

intensiv genutzte Wiese: die Anzahl an Tier- und Pflanzenarten nimmt bei häufigem Schnitt und mehrmaliger Ausbringung von Gülle stark ab

Naturschutz und moderne Landwirtschaft - Randstrukturen

N.B

Entlang vieler Äcker verbleibt inzwischen kein unbearbeiteter Wegrand mehr – wichtige Kleinlebensräume für Tiere und Pflanzen gehen verloren.

Während die starke Reduzierung der Hecken durch die Flurbereinigungsmaßnahmen der 1960er und 1970er Jahre aufgrund des geänderten Landschaftsbildes eine breite Aufmerksamkeit erregte und sich im gesetzlichen Schutz der Hecken niederschlug, ging der flächendeckende **Verlust an weiteren Randstrukturen wie Rainen, Waldrändern und Wegrändern** weitgehend unbemerkt und unbeachtet vor sich.

Breite Raine zwischen einzelnen Schlägen, breite Wegränder und breite Waldränder bieten Lebensraum für eine Vielzahl an Tier- und Pflanzenarten. Insbesondere der Insektenreichtum am Boden ist als Nahrungsgrundlage für die Küken von Rebhuhn und Fasan hervorzuheben. Außerdem bieten sie für Kleintiere – wenn auch schmale – Rückzugsmöglichkeiten während der Erntezeit.

Während der letzten 15 Jahre gingen nach vorsichtigen Schätzungen wahrscheinlich mehr als 70 % dieser Randstrukturen verloren, und damit natürlich auch wertvolle Mosaiksteine im Lebensraum des Niederwildes. Aufgrund des intensiven Kontakts zwischen Jägerschaft und Grundeigentümern ist es hier auch Aufgabe der Revierinhaber, um Verständnis für einen Erhalt dieser Kleinstrukturen zu werben.

Naturschutz und moderne Landwirtschaft - Ackerbau

Auch die **Veränderungen im Ackerbau** beeinflussten die Artenvielfalt. Die Anbaufläche an **Kartoffeln und Runkelrüben** – traditionellen Hackfruchtarten mit relativ hohem Anteil an Wildkräutern und vielen bodenlebenden Insekten – wurde **stark reduziert**. Dafür **nahmen Mais und Ölsaaten (z. B. Raps) stark zu**, die nur wenigen Arten Lebensraum bieten und auch vom Wild zeitlich nur begrenzt genutzt werden. Insbesondere die starke Abnahme von Rebhuhn und Fasan hängt sicherlich auch mit der Ablösung des Kartoffelanbaus durch den Maisanbau zusammen.

Beim Getreideanbau wurden die Ernteerträge in den letzten 50 Jahren durch gezielte Intensivierung (Steigerung des Mineraldüngereinsatzes, Einsatz von Halmverkürzern, regelmäßige mehrfache Biozidbehandlungen, höhere Aussaatdichten) **nahezu verdoppelt** bis teilweise verdreifacht.

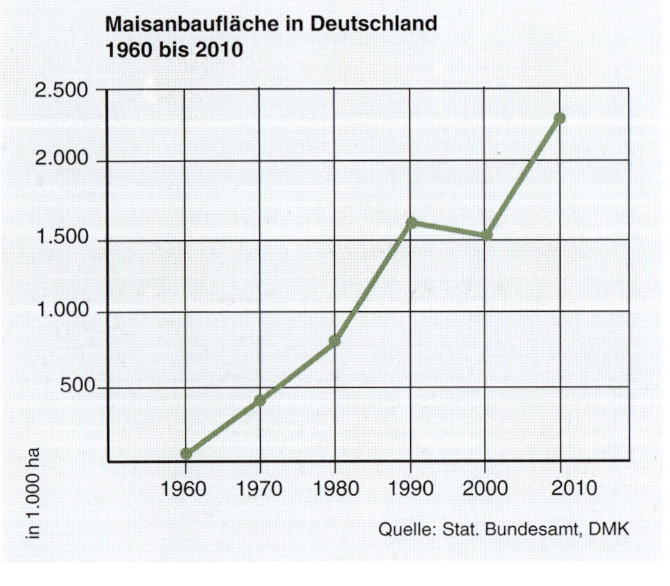

Die Anzahl an Tier- und Pflanzenarten in Getreidefeldern nahm drastisch ab. Die intensivere Bearbeitung geht gleichzeitig mit einem sehr schnellen Umbruch der Felder einher. Als Folge bleiben nur noch selten Stoppelbrachen, die meist sehr pflanzenartenreich sind und neben einer hohen Insektenvielfalt auch sehr günstige Äsungsmöglichkeiten für Reh und Feldhase bieten. Die schnelle Wiederbegrünung mit „Gründünger" ist (auch aus Bodenschutzgründen) zwar günstiger als ein fast 6 Monate unbestelltes Feld, kann aber qualitativ Stoppelbrachen nicht ersetzen.

Die derzeit stetig steigende Anzahl an **Biogasbetrieben** und die damit verbundene nochmalige Steigerung des Maisanbaus (oftmals sogar auf Kosten von Brachen) werden sicherlich zu einer **erneuten Reduzierung der Artenvielfalt** in der Feldflur führen.

Das Problem der „Neubürger“ (Neobiota)

Neue Pflanzen
Neue Tiere

Unter dem Begriff Neobiota fasst man Pflanzen (Neophyten) und Tiere (Neozoen) aus anderen Regionen der Erde zusammen, die seit etwa 1500 n. Chr. bewusst oder unbewusst in Deutschland angesiedelt wurden.

Unter den eingeschleppten Pflanzenarten haben sich einige vom Wuchs her aggressive Arten aufgrund des Fehlens von natürlichen Gegenspielern (v. a. spezialisierten pflanzenfressenden Insekten) sehr stark ausgebreitet und zu einem Problem für die heimische Vegetation entwickelt.

Die zur Familie der Schmetterlingsblütler zählenden **Robinien** reichern den Boden mit Stickstoff an. Wandern sie in Trockenrasen ein, werden dadurch stickstoffliebende Pflanzen gefördert, und die typische Vegetation der Trockenrasen wird schwer geschädigt.

An gestörten trockenen Standorten (Brachen, Bahndämme) dominiert vielfach die **Kanadische Goldrute (A)** die Vegetation auf Kosten einheimischer Hochstauden. In Fluss- und Bachtälern bilden das **Indische Springkraut (B)**, der **Topinambur (D)**, der **Riesenbärenklau (C)** oder die **asiatischen Staudenknöteriche** (Japan-Knöterich, Sachalin-Staudenknöterich und eine Kreuzung der beiden Arten, der Böhmische Staudenknöterich) oft Reinbestände und verdrängen einheimische Arten.

Für den Umgang mit Neophyten gilt: Wo immer möglich sollte ihre Ausbreitung durch die aktive Förderung der heimischen Pflanzenwelt eingedämmt werden.

Für den Jäger ist hierbei wichtig: Beim Anlegen von Wildäckern sollte darauf geachtet werden, dass der teilweise beliebte **Topinambur nicht in die umgebende Vegetation gerät**. Gegebenenfalls sollte auf diese Art verzichtet werden. Weiterhin sollte darauf hingewiesen werden, dass im Saatgut für Lebensraummischungen zur Begrünung von Brachen (siehe Seite N 3.2) keine „Ambrosia“-Samen enthalten sind (eine aggressive Korbblütlerart, die beim Menschen zu Allergien führen kann und die u. a. im Saatgut von Sonnenblumen enthalten sein kann).

Auf die **Ansaat von Lupinen** zur Stickstoffanreicherung entlang von Waldwegen, die teilweise immer noch praktiziert wird, **sollte verzichtet werden**.

Das Problem der „Neubürger“ (Neobiota)

Der Waschbär ist neben dem Marderhund und dem Mink einer der problematischen Neozoen, die die einheimische Fauna negativ beeinflussen können.

In der Tierwelt gibt es deutlich weniger Einwanderer, die aggressiv mit heimischen Arten konkurrieren. In unseren Gewässern stellen der **Signalkrebs** und der **Blaubandbärbling** ein Problem dar, da sie dem Edelkrebs bzw. heimischen Kleinfischarten überlegen sind und diese verdrängen. Im Oberrheingebiet haben sich nennenswerte Populationen des **Nordamerikanischen Ochsenfroschs** aufgebaut. Dieser stellt als Prädator und Nahrungskonkurrent eine ernstzunehmende Bedrohung für die einheimische Fauna dar.

Die bekanntesten Neozoen sind **Waschbär, Marderhund, Mink, Bisam** und **Nutria** aber auch **Nil- und Rostgans**. Von diesen können die 3 Beutegreifer einen sehr negativen Einfluss auf Bodenbrüter – insbesondere auf Wasserwild – haben und somit die heimische Artenvielfalt beeinflussen. Der Bisam ernährt sich von Pflanzen und Kleintieren; er verursacht regelmäßig Schäden an Teichen und Uferdämmen.

Alle Arten sollten im Rahmen der rechtlichen Möglichkeiten sehr intensiv bejagt werden.

Problemfelder zwischen Naturschutz und Jagd

Trotz der gleichen Zielrichtungen kommt es regelmäßig zu kontroversen Diskussionen hinsichtlich der Bewertung und Bejagung einiger weniger Tierarten.

Am häufigsten führen unterschiedliche Standpunkte über die **Bejagung von Rabenvögeln** zu Konflikten. Diese zählen zwar nach Bundesrecht zu den geschützten Vogelarten, sind aber in vielen Ländern dem Jagdrecht unterstellt. Hier ist es wichtig, dass der Umfang der Bejagung den lokalen Gegebenheiten angepasst wird.

Auch die oft unterschiedliche Bewertung der **Rolle von Greifvögeln für den Niederwildbesatz** führt regelmäßig zu Meinungsverschiedenheiten. Dazu tragen die immer wieder gemeldeten illegalen Abschüsse bei, die auch seitens der Landesjagdverbände verurteilt werden. Weiterhin sei darin erinnert, dass für stark gefährdete oder insgesamt seltene Greifvogelarten wie Wanderfalke, Fischadler und Rotmilan die Hegeverpflichtung des BJG ebenso gilt wie für andere Federwildarten.

Beim **Biber** sollte für den Jäger dessen **positive Wirkung auf das Ökosystem** im Vordergrund stehen. Dazu gehört vor allem die deutliche Zunahme an Lebensräumen für unser wichtigstes Wasserwild, die Stockente. Die in Zusammenhang mit dem Biber auftretenden **Probleme** in der Land- und Teichwirtschaft **müssen von den Naturschutzbehörden gelöst werden**. Die lokal auftretende „Biberproblematik“ wird derzeit seitens des Naturschutzes sehr ernst genommen.

Die Einwanderung großer Raubtiere wie Luchs, Wolf oder Bär kann lokal durchaus auf Ablehnung stoßen. Hier ist eine sachliche Diskussion von allen Seiten oberstes Gebot.

Meist lassen sich **Probleme zwischen Naturschutz und Jagd** auf lokaler Ebene durch eine **sachliche Diskussion** einvernehmlich lösen. Bleibt es bei unterschiedlichen Positionen zu einzelnen Thematiken, sollte darüber nicht die Gesamtheit der Naturschutzmaßnahmen vergessen werden und damit die Notwendigkeit einer **gemeinsamen Strategie zum Erhalt der Artenvielfalt**.

Naturschutzgebiete

sehr strenger Schutz; relativ kleinräumig

Die gesetzlichen Grundlagen für den Schutz der natürlichen Lebensräume sind ein herausragender Bestandteil des BNatSchG. Das wichtigste Instrument des Flächenschutzes ist die Ausweisung zum Schutzgebiet. Die verschiedenen Möglichkeiten, die das BNatSchG hierzu bietet, werden auf den folgenden Seiten einzeln erläutert.

3 verschiedene Möglichkeiten zur Kennzeichnung von ausgewiesenen NSG: die Kennzeichnung unterscheidet sich in den einzelnen Bundesländern

Naturschutzgebiete (NSG) sind gemäß § 23 Abs. 1 BNatSchG

„rechtsverbindlich festgesetzte Gebiete, in denen ein besonderer Schutz von Natur und Landschaft in ihrer Ganzheit oder in einzelnen Teilen erforderlich ist

1. *zur Erhaltung, Entwicklung oder Wiederherstellung von Lebensstätten, Biotopen oder Lebensgemeinschaften bestimmter wild lebender Tier- und Pflanzenarten,*
2. *aus wissenschaftlichen, naturgeschichtlichen oder landeskundlichen Gründen oder*
3. *wegen ihrer Seltenheit, besonderen Eigenart oder hervorragenden Schönheit."*

Nach § 22, Absatz 4 BNatSchG sollen Naturschutzgebiete (ebenso wie andere Schutzgebiete) gekennzeichnet werden. Der Schutzzweck sowie alle Gebote und Verbote, die eine Zerstörung, Beschädigung, Veränderung oder nachhaltige Störung verhindern können, sind in der jeweiligen Naturschutzgebietsverordnung festgelegt, die über das jeweilige Landesrecht geregelt wird. Ferner sind dort auch Ausnahmen festgelegt. Diese Verordnung kann auch Einschränkungen bzw. das Verbot der Jagdausübung enthalten.

In der Regel herrscht in Naturschutzgebieten ein Wegegebot. Auch alle Handlungen, die zu Störungen der Tier- und Pflanzenwelt führen sowie die generelle Entnahme von Tieren und Pflanzen sind meist verboten. So können z. B. Hochsitze in Naturschutzgebieten genehmigungspflichtig sein.

Derzeit sind in Deutschland 8.676 NSG mit ca. 1,4 Millionen Hektar (ha) Fläche ausgewiesen; dies entspricht etwa 3,9 % der Bundesfläche (Quelle: Bundesamt für Naturschutz, BFN, 12/2014). Etwa $^{2}/_{3}$ aller Naturschutzgebiete sind kleiner als 50 ha, nur etwa 13 % umfassen eine Fläche von 200 ha oder mehr. Die durchschnittliche Größe eines NSG liegt derzeit bei etwa 156 ha. Als NSG können sowohl sehr naturnahe Flächen (Moore, Seen, naturnahe Waldbereiche) ausgewiesen werden als auch extensiv genutzte Kulturlandschaften (Magerrasen, Heckenkomplexe), die eine ständige Bewirtschaftung benötigen.

Die Naturschutzgebiete stellen zusammen mit den weiteren gesetzlich geschützten Flächen den Kern für ein bundesweites Netz an Schutzgebieten dar. Da derzeit etwa 80 % der Bundesfläche von Land- und Forstwirten bewirtschaftet werden, sind die Ziele von Naturschutz und Landschaftspflege ohne deren Integration nicht zu verwirklichen. Gerade beim Dialog zwischen Landwirtschaft und Naturschutz und der Verwirklichung von Naturschutzzielen in der Kulturlandschaft kann die Jägerschaft als ständiger Ansprechpartner der Grundeigentümer einen wichtigen Part übernehmen.

Zu den häufigsten Ausnahmen zählt neben der Weiterführung der ordnungsgemäßen Land- und Forstwirtschaft und notwendigen Pflegemaßnahmen die ordnungsgemäße Ausübung der Jagd und Fischerei. Allerdings werden dabei häufig Einschränkungen formuliert, wie beispielsweise eine Ausübung der Jagd auf Wasserwild generell erst ab dem 1. Oktober (zur Reduzierung von Störungen), ein Verbot der Anlage von Kirrungen oder ein Verbot der Anlage von Wildäckern. Letzteres spielt allerdings in der Praxis keine Rolle, da in NSG die natürlichen Äsungsbedingungen grundsätzlich ausreichend sind.

Nationalparks

oder strenger Schutz; großräumig

Seehunde im Nationalpark Wattenmeer

Königssee im Nationalpark Berchtesgaden

naturbelassener Urwald im Nationalpark Bayerischer Wald

Nationalparks haben zusammen mit Naturschutzgebieten und FFH-Gebieten die derzeit höchste gesetzliche Schutzkategorie bei der Sicherung von Lebensräumen.

Sie sind nach **§ 24 BNatSchG**

(1) „ ... rechtsverbindlich festgesetzte einheitlich zu schützende Gebiete, die

1. *großräumig, weitgehend unzerschnitten und von besonderer Eigenart sind,*
2. *in einem überwiegenden Teil ihres Gebiets die Voraussetzungen eines Naturschutzgebiets erfüllen und*
3. *sich in einem überwiegenden Teil ihres Gebiets in einem vom Menschen nicht oder wenig beeinflussten Zustand befinden oder geeignet sind, sich in einen Zustand zu entwickeln oder in einen Zustand entwickelt zu werden, der einen möglichst ungestörten Ablauf der Naturvorgänge in ihrer natürlichen Dynamik gewährleistet.*

(2) Nationalparke haben zum Ziel, im überwiegenden Teil ihres Gebiets den möglichst ungestörten Ablauf der Naturvorgänge in ihrer natürlichen Dynamik zu gewährleisten. Soweit es der Schutzzweck erlaubt, sollen Nationalparke auch der wissenschaftlichen Umweltbeobachtung, der naturkundlichen Bildung und dem Naturerlebnis der Bevölkerung dienen.

(3) Nationalparke sind unter Berücksichtigung ihres besonderen Schutzzweckes sowie der durch die Großräumigkeit und Besiedlung gebotenen Ausnahmen wie Naturschutzgebiete zu schützen."

Nationalparks haben zum Ziel in einem überwiegenden Teil ihres Gebiets den möglichst ungestörten Ablauf der Naturvorgänge in ihrer natürlichen Dynamik zu gewährleisten. Eine Bewirtschaftung ist aufgrund der internationalen Kriterien für die Anerkennung weitgehend ausgeschlossen. Allerdings lässt das Gesetz Managementmaßnahmen zu, die zur Förderung einer den Zielen des Nationalparks entsprechenden Naturentwicklung führen. In den Nationalparks ruht die Jagd vielfach oder wird entsprechend der Zielsetzung des Nationalparks ausgeübt.

Derzeit gibt es in Deutschland **16 Nationalparks** mit einer Gesamtfläche von 214.558 ha Fläche (= 0,60 % der Bundesfläche). Dazu kommen zusätzlich 833.301 ha Watt- und Wasserflächen in der Nord- und Ostsee (Quelle: BFN 11/2015).

Biosphärenreservate

großräumig; Schutz von Kulturlandschaft

Die Teiche im Biosphärenreservat Oberlausitz Teich- und Heidelandschaft sind Lebensraum für eine Vielzahl an Wasservögeln.

Im länderübergreifenden Biosphärenreservat Rhön ist der Erhalt der extensiv genutzten Grünlandflächen ein wichtiges Ziel. Das dortige Birkwildprojekt, das von Naturschutz und Jägern gemeinsam getragen wird, ist überregional bekannt.

Biosphärenreservate werden im Rahmen eines UNESCO-Programmes („Man and Biosphere", MAB) seit 1976 als großflächige Schutzgebiete ausgewiesen.

Nach **§ 25 BNatSchG** sind Biosphärenreservate

„... einheitlich zu schützende und zu entwickelnde Gebiete, die ...

1. *großräumig und für bestimmte Landschaftstypen charakteristisch sind,*
2. *in wesentlichen Teilen ihres Gebiets die Voraussetzungen eines Naturschutzgebiets, im Übrigen überwiegend eines Landschaftsschutzgebiets erfüllen,*
3. *vornehmlich der Erhaltung, Entwicklung oder Wiederherstellung einer durch hergebrachte vielfältige Nutzung geprägten Landschaft und der darin historisch gewachsenen Arten- und Biotopvielfalt, einschließlich Wild- und früherer Kulturformen wirtschaftlich genutzter oder nutzbarer Tier- und Pflanzenarten, dienen und*
4. *beispielhaft der Entwicklung und Erprobung von die Naturgüter besonders schonenden Wirtschaftsweisen dienen."*

Im Gegensatz zu den Nationalparks ist eine Weiterführung der naturverträglichen Bewirtschaftung ein wesentlicher Bestandteil des Konzepts.

Biosphärenreservate dienen ...

- **dem Schutz natürlicher Ökosysteme in den Kernzonen,**
- **der Pflege und Entwicklung von Kulturlandschaften mit nutzungsbedingter Arten- und Landschaftsvielfalt,**
- **der modellhaften Entwicklung von nachhaltiger ökologischer und ökonomisch verträglicher Landnutzung,**
- **der ökosystemaren Forschung und Umweltbeobachtungen zur Beurteilung von Stoffeinträgen, Umwelt- und Klimaveränderungen.**

Zur Umsetzung der unterschiedlichen Ziele sind Biosphärenreservate in 3 Zonen gegliedert. Die **Kernzonen** („Zone I") sind in der Regel als Naturschutzgebiet ausgewiesen. Dort soll eine ungestörte Entwicklung erfolgen. Die **Pflegezone** („Zone II") dient dem Erhalt und der Pflege von Ökosystemen, die durch menschliche Nutzung entstanden oder wesentlich von ihr beeinflusst wurden (z. B. extensiv genutzte Wiesenlandschaften in der Rhön, Teiche in der Oberlausitz). Die Pflegezone soll die Kernzone vor negativen Einflüssen schützen. In der **Entwicklungszone** („Zone III") soll eine Wirtschaftsweise entwickelt und gefördert werden, die Natur und Mensch gleichermaßen gerecht wird. Außerhalb der Kernzonen wird in Biosphärenreservaten die Jagd weiterhin ausgeübt.

Derzeit gibt es in Deutschland 17 Biosphärenreservate mit einer Gesamtfläche von ca. 1,3 Mio ha (ca. 3,7 % der Bundesfläche), dazu kommen ca. 666.000 ha Watt- und Wasserflächen in der Nord- und Ostsee (Quelle: BfN 02/2017).

Landschaftsschutzgebiete

großräumig, weniger strenger Schutz

Landschaftsschutzgebiete unterliegen weniger strengen Schutzvorschriften als Naturschutzgebiete. Veränderungsverbote beziehen sich in der Regel darauf, den **Charakter des Gebiets zu erhalten**. Auch Nutzungseinschränkungen gibt es nur sehr selten. Nach **§ 26 BNatSchG** sind Landschaftsschutzgebiete

„... rechtsverbindlich festgesetzte Gebiete, in denen ein besonderer Schutz von Natur und Landschaft erforderlich ist

1. *zur Erhaltung, Entwicklung oder Wiederherstellung der Leistungs- und Funktionsfähigkeit des Naturhaushalts oder der Regenerationsfähigkeit und nachhaltigen Nutzungsfähigkeit der Naturgüter,*
2. *wegen der Vielfalt, Eigenart und Schönheit oder der besonderen kulturhistorischen Bedeutung der Landschaft oder*
3. *wegen ihrer besonderen Bedeutung für die Erholung."*

Ende 2014 waren in Deutschland **8.531 Landschaftsschutzgebiete** mit einer Gesamtfläche von ca. 10 Mio. ha (= ca. 27,9 % des Bundesgebietes) ausgewiesen (Quelle: BFN, 12/2014). Letztlich stellen sie jedoch keinen besonders wirksamen Flächenschutz dar, da sie kaum Einschränkungen erlauben.

Naturparks

großflächig; dienen der Erholung und dem Natur verträglichen Tourismus;

Naturparks dienen überwiegend der Planung und Entwicklung von Gebieten im Interesse einer auf große Flächen angewiesenen Erholung (z. B. in Bayern mindestens 20.000 ha). Daneben erfüllen sie auch eine gewisse Schutzfunktion. Die Ausweisung zum Naturpark ist in **§ 27 BNatSchG** geregelt:

„(1) Naturparke sind einheitlich zu entwickelnde und zu pflegende Gebiete, die

1. *großräumig sind,*
2. *überwiegend Landschaftsschutzgebiete oder Naturschutzgebiete sind,*
3. *sich wegen ihrer landschaftlichen Voraussetzungen für die Erholung besonders eignen und in denen ein nachhaltiger Tourismus angestrebt wird,*
4. *nach den Erfordernissen der Raumordnung für die Erholung vorgesehen sind,*
5. *der Erhaltung, Entwicklung oder Wiederherstellung einer durch vielfältige Nutzung geprägten Landschaft und ihrer Arten- und Biotopvielfalt dienen und in denen zu diesem Zweck eine dauerhaft umweltgerechte Landnutzung angestrebt wird,*
6. *besonders dazu geeignet sind, eine nachhaltige Regionalentwicklung zu fördern.*

(2) Naturparke sollen entsprechend ihren in Absatz 1 beschriebenen Zwecken unter Beachtung der Ziele und Grundsätze des Naturschutzes und der Landschaftspflege geplant, gegliedert, erschlossen und weiterentwickelt werden."

Die Liste der Naturparks in Deutschland enthält **103 Naturparks in Deutschland**, die ca. 9,9 Mio. ha (= 28 % der Bundesfläche) umfassen (Quelle: BFN, 02/2016).

Naturdenkmäler

= Einzelschöpfungen der Natur; bis max 5ha größe;

Nach **§ 28 BNatSchG** können „Einzelschöpfungen der Natur oder entsprechende Flächen bis zu 5 Hektar“ als Naturdenkmäler unter Schutz gestellt werden. Sehr oft handelt es sich dabei um Felsformationen oder Quellen, sehr alte, markante Einzelbäume oder Alleen. Naturdenkmale dürfen nicht zerstört oder beschädigt werden. Die Ausweisung von Naturdenkmalen folgt der Tradition des Naturschutzes der frühen Gründerjahre zu Beginn des 20. Jahrhunderts.

Naturdenkmal Viertelstein, ein solitärer Verwitterungshärtling des Gümbelschen Sandsteins, in Mistelbach (Oberfranken), Geotop Nr. 472R020

Naturdenkmal: Breite Eiche in Forkendorf (Oberfranken), ca. 1.000 Jahre alt

Geschützte Landschaftsbestandteile

In **§ 29 BNatSchG** werden als Ergänzung „Geschützte Landschaftsbestandteile“ festgesetzt, zu denen unter anderem Alleen, Hecken, einseitige Baumreihen und markante Kleinstrukturen zählen können. Bei einer Beeinträchtigung oder Bestandsminderung von geschützten Landschaftsbestandteilen (z. B. Fällung einer Allee zugunsten einer Straßenerweiterung) wird vom Gesetz ein Ausgleich gefordert. Für den Erhalt der geschützten Landschaftsbestandteile können auch Ausgleichszahlungen an die Grundeigentümer gewährt werden.

Gesetzlich geschützte Biotope

Bestimmte Teile von Natur und Landschaft, die eine besondere Bedeutung als Biotope haben, sind nach **§ 30 BNatSchG** gesetzlich geschützt (Beschreibung der Biotope siehe „Geschützte Biotope“).

Europäisches Netz Natura 2000 (FFH-Gebiete und SPA-Gebiete)

Ein wesentliches Ziel der FFH-Richtlinie (siehe Seite N 12.4) ist es, die Erhaltung der biologischen Vielfalt zu fördern. Dabei sollen jedoch die wirtschaftlichen, sozialen, kulturellen und regionalen Anforderungen berücksichtigt werden. Somit leistet die Richtlinie einen Beitrag zu dem allgemeinen Ziel einer nachhaltigen Entwicklung. Weil sich der Zustand der natürlichen Lebensräume im europäischen Gebiet der Mitgliedstaaten unaufhörlich verschlechtert, sind die verschiedenen Arten wild lebender Tiere und Pflanzen in zunehmender Zahl ernstlich bedroht. Zur Wiederherstellung oder Wahrung eines günstigen Erhaltungszustandes der natürlichen Lebensräume und der Arten von gemeinschaftlichem Interesse sind besondere Schutzgebiete auszuweisen. Die Gebiete sind so auszuwählen, dass die natürlichen Lebensraumtypen des Anhangs I sowie die Habitate der Arten des Anhangs II umfassen. Das Netz Natura 2000 umfasst auch die Vogelschutzgebiete nach der EU-Vogelschutzrichtlinie (SPA-Gebiete). Im BNatSchG dienen die §§ 31 bis 34 der rechtlichen Grundlage zum Aufbau von **Natura 2000**.

Die Ausweisung zum Schutzgebiet für das Netz Natura 2000 wird in **§ 32 BNatSchG** geregelt:
„(1) Die Länder wählen die Gebiete, die der Kommission nach Artikel 4 Absatz 1 der Richtlinie 92/43/EWG und Artikel 4 Absatz 1 und 2 der Richtlinie 2009/147/EG zu benennen sind, ... aus. Sie stellen das Benehmen mit dem Bundesministerium für Umwelt, Naturschutz, Bau und Reaktorsicherheit her. Dieses beteiligt die anderen fachlich betroffenen Bundesministerien und benennt die ausgewählten Gebiete der Kommission.
(2) Die ... aufgenommenen Gebiete sind ... entsprechend den jeweiligen Erhaltungszielen zu geschützten Teilen von Natur und Landschaft im Sinne des § 20 Absatz 2 zu erklären.
(3) Die Schutzerklärung bestimmt den Schutzzweck entsprechend den jeweiligen Erhaltungszielen und die erforderlichen Gebietsbegrenzungen. Es soll dargestellt werden, ob prioritäre natürliche Lebensraumtypen oder prioritäre Arten zu schützen sind. Durch geeignete Gebote und Verbote sowie Pflege- und Entwicklungsmaßnahmen ist sicherzustellen, dass den Anforderungen des Artikels 6 der Richtlinie 92/43/EWG entsprochen wird. ...
(4) Die Unterschutzstellung ... kann unterbleiben, soweit ... ein gleichwertiger Schutz gewährleistet ist."

§ 33 regelt die allgemeinen Schutzvorschriften für Natura 2000-Gebiete.
(1) Alle Veränderungen und Störungen, die zu einer erheblichen Beeinträchtigung eines Natura 2000-Gebiets in seinen für die Erhaltungsziele oder den Schutzzweck maßgeblichen Bestandteilen führen können, sind unzulässig. ..."

Ein wesentlicher Bestandteil der Natura 2000-Gebiete sind die **Managementpläne**, welche die Grundlagen für einen langfristigen Schutz liefern. Darin wird unter anderem auch die zukünftige Bewirtschaftung durch Land- und Forstwirtschaft geregelt. Ein wichtiges Merkmal der FFH/SPA-Gebiete ist das sogenannte **„Verschlechterungsverbot“** (Art. 6 Richtlinie 92/43/EWG). Dieses soll bewirken, dass der Erhaltungszustand der Lebensraumtypen sich „verbessert“ (im Sinne der Erhaltungsziele) oder sich nicht negativ verändert. Bei vielen anthropogen entstandenen Lebensraumtypen, z. B. den Heidelandschaften in Norddeutschland, die auf den Truppenübungsplätzen großflächig ausgebildet sind, ist die weitere Landnutzung (hier Übungen mit schwerem Gerät und Schießübungen) die Voraussetzung für den Erhalt der „natürlichen“ Lebensräume (Heiden, Sandtrockenrasen). Die natürliche Sukzession hin zu Kiefernwäldern wird aber durch die naturschutzrechtlichen Vorgaben verhindert.

Das Netz Natura 2000 umfasst die im Rahmen der FFH - und Vogelschutzrichtlinie gemeldeten Gebiete. Diese können sich räumlich überlagern. Zusammen bedecken die insgesamt 5.206 Gebiete 15,4 % der terrestrischen Fläche Deutschlands und rund 45 % der marinen Fläche. Die von Deutschland nach Brüssel gemeldeten 4.557 FFH-Gebiete umfassen 3,32 Mio. ha Landfläche (9,3 %) und 2,12 Mio. ha Bodensee sowie Meeres-, Bodden- und Wattflächen (rund 45 % der marinen Fläche). Zusätzlich sind 742 Vogelschutzgebiete (SPA/BSG) gemeldet. Dies entspricht 4,03 Mio. ha (11,3 % der Landfläche). Dazu kommen 1,97 Mio. ha Bodensee sowie Meeres-, Bodden- und Wattflächen. Außerdem sind alle Nationalparks, etwa 50 % der Biosphärenreservatsflächen und sehr viele Naturschutzgebiete gleichzeitig Natura 2000-Gebiete. (Quelle: BfN, 12/2015). In den meisten FFH-/SPA-Gebieten ist die Jagd weiterhin erlaubt, soweit dem nicht andere Verordnungen (z. B. Nationalpark-Ausweisung) entgegenstehen.

Erholung in der Natur und Landschaft

Das Bundesnaturschutzgesetz und die Ländergesetze erlauben ein weitgehendes Recht auf ein **freies Betreten der Natur**. Nach **§ 59 BNatSchG** gestatten die Länder:

„(1) Das Betreten der freien Landschaft auf Straßen und Wegen sowie auf ungenutzten Grundflächen zum Zweck der Erholung ist allen gestattet (allgemeiner Grundsatz).

(2) Das Betreten des Waldes richtet sich nach dem Bundeswaldgesetz und den Waldgesetzen der Länder sowie im Übrigen nach dem sonstigen Landesrecht. Es kann insbesondere andere Benutzungsarten ganz oder teilweise dem Betreten gleichstellen sowie das Betreten aus wichtigen Gründen, insbesondere aus solchen des Naturschutzes und der Landschaftspflege, des Feldschutzes und der land- und forstwirtschaftlichen Bewirtschaftung, zum Schutz der Erholungsuchenden, zur Vermeidung erheblicher Schäden oder zur Wahrung anderer schutzwürdiger Interessen des Grundstücksbesitzers einschränken."

Damit ist zwar ein freies Betreten der Natur gesichert, doch gibt es auch einen Spielraum für Einschränkung, z. B. bei intensiven Störungen. In § 62 BNatSchG wird außerdem das Bereitstellen von Grundstücken für die Erholung der Bevölkerung durch Bund, Länder und Kommunen gefordert. Die ständig zunehmende Mobilität der Bevölkerung und die gute Erschließung unserer Natur führen zu stetig ansteigenden Freizeitnutzungen.

ursprünglich intakter alpiner Lebensraum

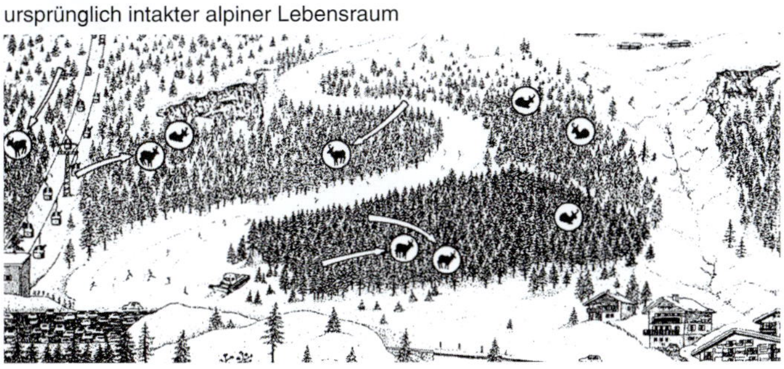

Immer mehr Wintersportanlagen beanspruchen Landschaftsflächen und zerstören empfindliche Regelkreisläufe.

Zeichnungen C by U. Iff, mit freundlicher Genehmigung entnommen aus „Variantenskifahren", Eidg. Forstdirektion Bern

Dadurch ergeben sich vermehrt Konfliktbereiche zwischen dem Grundbedürfnis der Menschen nach Erholung und den Anliegen des Naturschutzes. In vielen Fällen ist auch die Jagdausübung direkt betroffen.

Durch intensive Freizeitaktivitäten können
- **Pflanzen und Tiere in ihrem Lebensraum eingeschränkt werden,**
- **Tiere beunruhigt und zunehmend gestört werden (z. B. bei Nahrungssuche oder Brut).**

Dies gilt natürlich nicht nur für störungsempfindliche Arten wie Auerwild oder Birkwild, sondern auch für häufige Arten wie das Reh. Insbesondere beim Reh können häufige Störungen auf Freiflächen (z. B. an Waldrändern) zu einer vermehrten Äsung im Wald und damit zu einem zunehmenden Verbiss führen.

3 wichtige Problembereiche zwischen Naturschutz und Freizeitnutzung sind an dieser Stelle wichtig:
- Bautätigkeiten im Außenbereich, z. B. Campingplätze und andere Freizeitanlagen;
- landschaftsbezogene Sportarten und „Trendsportarten" (Golf, Mountainbiking, Klettern, Kanufahren, Wintersport); dies gilt insbesondere dann, wenn bei „Trendsportarten" die gültigen Vorschriften (z. B. kein Radfahren im Wald abseits von Wegen) nicht eingehalten werden;
- stoffliche Belastung der Gewässer **(= Eutrophierung)** durch zunehmende ungesteuerte Freizeitaktivitäten

Wichtige Einschränkungen für die Erholung in Natur und Landschaft sind in der Regel in den Naturschutzgesetzen der Länder formuliert.

Das folgende Beispiel zeigt die Naturbelastung durch Freizeitaktivitäten anhand eines Beispiels aus den Alpen. Problembereich: landschaftsbezogene Sportarten (Wintersport)
Durch Skipistenausbau oder zusätzliche Neuanlagen einschließlich der notwendigen Betriebsanlagen (Lifte, Infrastruktur für Schneekanonen, etc.), entsteht ein großer Verbrauch an ehemals natürlichen Landschaftsflächen. Darüber hinaus kommt es zu Veränderungen von Boden (Verdichtung, Erosion) und Vegetation (Verarmung) und zu empfindlichen Störungen natürlicher Regelkreisläufe. Wild lebende Tiere werden zunehmend gestört und in nicht artgerechte Lebensräume abgedrängt. Nicht zuletzt führte der Einschlag von Hangwäldern, die natürliche Schutzfunktionen innehatten, in der Folge zunehmend zu Naturkatastrophen wie Bergrutschen, Überschwemmungen, Lawinenabgängen etc.

Was ist Ökologie?

Die **Ökologie** ist eine **naturwissenschaftliche Disziplin** (Teildisziplin der Biologie) und somit **objektiv wertfrei**. Die ökologische Forschung liefert wichtige Grundlagen, aufgrund derer Naturschutz bei uns möglich ist. Naturschutz basiert auf ökologischen Grundlagen, doch werden auch andere Grundlagen, z. B. sozioökonomische Faktoren, in die Betrachtungen einbezogen (HERMANN REMMERT). **Naturschutz ist eine gesellschaftliche Aufgabe** und beruht auf einem **subjektiven Wertesystem**. Dieses Wertesystem setzt sich jede Gesellschaft selbst. Naturschutz beinhaltet nicht nur den Schutz von seltenen Tier- und Pflanzenarten und von Lebensräumen, sondern ist auch eine wichtige Basis für den Erhalt der Lebensgrundlagen des Menschen. **Naturschutz dient somit der gesamten Bevölkerung.**

Ökologie ist die Wissenschaft von der Beziehung der Organismen zu ihrer belebten (= biotischen) und unbelebten (= abiotischen) Umwelt. Diese Definition des Biologen Ernst Haeckel aus dem Jahr 1866 ist bis heute gültig.

Zur belebten Umwelt zählen alle Mikroben, Pilze, Pflanzen und Tiere, während unter der „unbelebten Umwelt" Faktoren wie Licht, Temperatur, Wasser, etc. zusammengefasst werden. Damit unterscheidet sich die wissenschaftliche Definition von Ökologie sehr wesentlich vom allgemeinen Sprachgebrauch, in dem der Begriff „Ökologie" sehr viel ungenauer benutzt wird, bis hin zu einem politischen Kontext, der mit Ökologie als strenge Naturwissenschaft nichts mehr gemein hat. Die ökologische Forschung orientiert sich an 3 Betrachtungsebenen mit unterschiedlicher Komplexität (Vielschichtigkeit):

Komplexitätsebene	ökolog. Teildisziplin	Inhalte	Bedeutung für die Jagd
Einzelorganismus	**Autökologie**	Beziehungen zwischen einzelnen Organismen und ihrer Umwelt	z. B. Arbeiten über Äsungsgewohnheiten und Nahrungsverwertung, unterschiedl. Nahrungsbedarf bei säugenden und nicht säugenden Häsinnen
Population	**Populationsökologie**	Wechselwirkungen innerhalb einer Population und zwischen dieser und ihrer Umwelt	z. B. Altersklassenstruktur im Rotwildrudel, Dichteschwankungen beim Niederwild, Einfluss von Beutegreifern auf die Dichte von Niederwildarten
Lebensgemeinschaft (Biozönose)	**Synökologie** (Ökosystemforschung)	Wechselwirkungen zwischen Lebensgemeinschaften und ihrer Umwelt	Einfluss von Tieren auf die Waldvegetation, z. B. Mäuse, Eichhörnchen oder Schalenwild

Populationsökologie

Unter einer Population bezeichnet man eine Gruppe von Individuen der gleichen Art, die sich in einem bestimmten Raum aufhalten und sich dort erfolgreich fortpflanzen. Normalerweise stehen die Individuen einer Population über mehrere Generationen hinweg in einem engen genetischen Austausch, während der Austausch mit anderen Populationen der gleichen Art weniger intensiv ist. Auf der Ebene der Population laufen sehr viele ökologische Prozesse ab (z. B. innerartliche Konkurrenz). Die Ebene der Population stellt beim Schalenwild die Grundlage für den Abschussplan dar und ist deshalb auch für den Jäger interessant.

Populationen werden räumlich durch Ausbreitungshindernisse begrenzt:
- geografische Faktoren (z. B. Gebirgsstöcke, Gewässer)
- natürliche Habitatgrenzen (z. B. Waldrand, Wasser- / Land-Übergang)
- künstliche Habitatgrenzen (z. B. Straßen, Zäune)

Je mobiler Individuen sind, desto größer sind die Areale von Populationen.

Populationsökologie

Beispiel:
Vögel können durch ihre Fähigkeit zu fliegen viele Hindernisse leicht überwinden. Straßen und Zäune stellen für sie kein Ausbreitungshindernis dar. Für kleine Säugetiere können dagegen Straßen wichtige Barrieren darstellen, große Säuger können durch Zäune (z. B. entlang von Autobahnen) auf bestimmte Flächen begrenzt werden.

Die Gesamtzahl der Individuen einer Population innerhalb der Gesamtfläche ihres Lebensraums bezeichnet man als Populationsgröße (Beispiel: die geschätzte Anzahl an Rotwild innerhalb eines Rotwildgebiets). Das Verhältnis der Populationsgröße zur Fläche ist die Populationsdichte (z. B. Anzahl Rehe pro 100 ha).

Ohne Zu- und Abwanderung wird die Populationsgröße allein durch die Geburtenrate und die Sterblichkeit (zu der beim Wild natürlich auch der Abschuss zählt) geregelt. Beide Faktoren werden u. a. von der Qualität des Lebensraums (z. B. Nahrungsangebot), von innerartlichen Faktoren (z. B. Stress) und vom Feinddruck beeinflusst. Bei Jungtieren können auch ungünstige Witterungsbedingungen eine hohe Sterblichkeit nach sich ziehen (z. B. führt nasskalte Witterung zu erhöhter Sterblichkeit bei Junghasen und Rehkitzen). In der Natur gibt es jedoch nur wenige Populationen, bei denen Zu- und Abwanderung keine Rolle spielen (z. B. Populationen auf Inseln). In den derzeitigen Rotwildgebieten gibt es kaum Zuwanderung, jedoch Abwanderung.

Fallbeispiel: Verteilung und Dichte von Rehen

Im Sommereinstand gibt es eine relativ gleichmäßige Verteilung. Die Größe der Territorien bei den Böcken ist vom Äsungsangebot und der Lebensraumstruktur abhängig. In Waldrevieren sind Rehe auch im Winterhalbjahr meist relativ gleichmäßig verteilt (Ausnahme: an Fütterungen). Dagegen schließen sich die Feldrehe im Winter zu größeren Sprüngen zusammen. Es kommt zu einer ungleichmäßigen, geklumpten Verteilung. Diese ändert sich ab Mitte April, wenn Böcke beginnen Territorien abzugrenzen.

Die Dichte der Rehe ist wie die Territoriengröße vom Äsungsangebot und von der Lebensraumstruktur (z. B. Deckungsangebot, Wald-Offenland-Verhältnis) abhängig. Dabei müssen bei der Beurteilung der Lebensraumqualität extreme Situationen wie hohe Schneelagen im Winter besonders berücksichtigt werden.

Populationsstruktur

Räumliche Struktur:
Die Verteilung der Individuen einer Population in ihrem Lebensraum hängt von mehreren Faktoren ab (Qualität des Lebensraums, Populationsdichte, Biologie der jeweiligen Art).

Dabei gibt es die folgenden wichtigen Verteilungen für unser Wild:
- **territoriale Arten** (= Arten, die einzeln oder in Paaren Reviere abgrenzen) sind in der Regel gleichmäßig im Raum verteilt (Beispiel: viele Greifvogelarten und Raubsäuger)
- **rudelbildende Arten** treten in der Regel geklumpt auf, d. h. mehrere Individuen einer Population schließen sich zusammen (Beispiel: Rotwildrudel, Muffelwildrudel, große Schwarzwildrotten)

Die Kenntnis der räumlichen Verteilung einer Wildart ist auch wichtig für die Bejagung.

Populationsstruktur

Altersstruktur:
Individuen einer Population sind in der Regel unterschiedlich alt; dabei gilt folgende Faustregel: ein hoher Anteil an Jungtieren weist auf eine wachsende (oder zumindest stabile) Population hin, ein geringer Anteil von Jungtieren auf eine abnehmende Population (Beispiel: aus diesem Grund wird beim Feldhasen bei herbstlichen Jagden kontrolliert, wie hoch der Anteil Junghasen ist; bei niedrigem Anteil an Junghasen wird die Bejagung nicht fortgeführt). Auch die Geschlechterverteilung ist eine wichtige Kenngröße bei der Populationsstruktur.

Populationen können innerhalb ihres Gebietes in verschiedene Teilpopulationen zerfallen, die in unterschiedlich starkem Austausch miteinander stehen können (Beispiel: Rotwild in den Mittelgebirgen).

Populationsdynamik

Die Zahl der Individuen einer Population (= Populationsgröße) unterliegt in der Regel unterschiedlich starken Schwankungen. Die Änderung der Populationsgröße über bestimmte Zeitabschnitte (oder über mehrere Generationen) bezeichnet man als **Populationsdynamik**. Sie wird durch mehrere Faktoren (u. a. Geburtenrate, Sterblichkeitsrate, Zu- und Abwanderung) bestimmt. Allerdings können Populationen nicht unbegrenzt wachsen: die **Kapazität des Lebensraums** (z. B. Äsungsangebot, Anzahl an Nistplätzen) **begrenzt das Wachstum** nach oben.

Die Dichteschwankungen hängen auch von der Fortpflanzungsstrategie der jeweiligen Art ab. Dabei gibt es 2 Extreme:

- **Arten mit sehr hoher Nachkommenzahl und kurzer Lebensspanne** können kurzfristig sehr große Populationen aufbauen, die aber ebenso schnell wieder zusammenbrechen können **(„r-Strategen“)**. Diese Arten können sehr schnell neue „instabile“ Lebensräume (mit reduzierter Konkurrenz) besiedeln, unterliegen aber sehr großen Schwankungen (z. B. Blattläuse, Amphibien). Diese Strategie verfolgen auch sehr viele Pionierarten.
- **Arten mit niedriger Nachkommenzahl und großer Lebensspanne** leben meist in stabilen Lebensräumen und nutzen die Kapazität des Lebensraums oft sehr gut aus **(„K-Strategen“)**. Sie investieren sehr viel Energie in die wenigen Nachkommen. Ihre natürlichen Dichteschwankungen sind sehr gering (z. B. Rotwild).

Zusammenfassung: Wichtige Faktoren und Begriffe in der Populationsökologie

Faktor (Begriff)	Erklärung
Population:	alle Individuen derselben Art, die gleichzeitig ein bestimmtes Gebiet (Areal) bewohnen und sich dort gemeinsam fortpflanzen; wichtige Charakteristika einer Population sind ihre Dichte und Verteilung
Dichte:	Anzahl Individuen einer Art pro Flächeneinheit
Verteilung:	Art der Raumnutzung (z. B. gleichmäßige Verteilung, zufällige Verteilung, geklumpte Verteilung)
Populationsgröße:	Anzahl der aktuell vorhandenen Individuen in einer Population
Habitat:	Lebensraum eines Individuums oder einer Population
Populationsdynamik:	Änderung in der Größe und Zusammensetzung einer Population; die wichtigsten bestimmenden Faktoren sind Fruchtbarkeit (Geburtenrate), Sterblichkeit, Ein- und Auswanderung
Fruchtbarkeitsrate:	bestimmt durch die Anzahl reproduzierender weiblicher Individuen und die Anzahl der Nachkommen pro Zeiteinheit
Sterblichkeitsrate:	hierzu zählen natürlicher Tod und der Tod durch Feinde
Einwanderung von einer Population in eine andere:	Anzahl der aus einer anderen Population einwandernden Tiere; meist für den Genaustausch und die Vermeidung von Inzucht wichtig
Auswanderung:	Zahl der aus der Population auswandernden Individuen; nimmt bei hoher Dichte meist zu
Wachstumsrate:	Veränderung der Populationsgröße in der Zeiteinheit

Räuber-Beute-System

In alten Lehrbüchern zu Biologie und Ökologie findet man ein einfaches Modell zur Beziehung zwischen Räuber und Beute.

- Eine Tierart vermehrt sich zunächst ungestört und nimmt zu. Anschließend treten Räuber auf, die diese Art erbeuten.
- Durch gute Versorgung vermehrt sich der Räuber stark, während die Zahl der Beutetiere stetig weniger wird.
- Durch den folgenden Beutemangel sinkt auch die Zahl der Räuber. Anschließend kann die Beute wieder zunehmen, der Zyklus beginnt erneut.

Dieses Modell ist in der Natur jedoch in dieser Einfachheit nicht richtig, da sehr viele weitere Faktoren eine wichtige Rolle spielen (Krankheiten, Kapazität des Lebensraumes). Weiterhin gibt es fast keine Systeme, in denen nur 2 Arten eine Rolle spielen.
Die beiden folgenden jagdlich relevanten Beispiele zeigen ansatzweise die Komplexität in den Wechselwirkungen zwischen Räuber und Beute. Wichtig ist die Unterscheidung zwischen spezialisierten Räubern (z. B. die Mäusejäger Mäusebussard und Schleiereule) und Generalisten (z. B. Fuchs), die auf andere Beute ausweichen können, wenn eine Art zurückgeht.

Beispiel: Mäusebussard – Feldmaus
Der Mäusebussard ernährt sich hauptsächlich von Feldmäusen. Bei einer Massenvermehrung der Beute können die Bussarde mehr Jungvögel pro Brut großziehen und ihre Population nimmt leicht zu. Damit beeinflusst der Beutetierbestand die Populationsentwicklung der Räuber wesentlich. Andererseits ist der Bussard nur einer von vielen Faktoren, die den Feldmausbestand regeln. Hier spielen Krankheiten und sozialer Stress bei zu hoher Mäusedichte eine viel wichtigere Rolle bei der Abnahme der Mäusepopulation als der Räuber.

Beispiel: Fuchs – Brachvogel
Der Brachvogel ist (wo er noch vorkommt) im Beutetierspektrum des Fuchses nur sehr geringfügig vertreten. Für die Populationsentwicklung des Fuchses spielt es somit keine Rolle, ob eine brütende Brachvogelhenne gerissen wird, er kann leicht auf andere Beute ausweichen. Für eine kleine Brachvogelpopulation mit nur noch wenigen brütenden Hennen kann der Riss jedoch dramatische Folgen haben.
Dieses Beispiel zeigt weiterhin, dass eine Art umso empfindlicher auf natürliche Faktoren wie Räuber reagiert, je stärker ihr Lebensraum beeinträchtigt ist (der Brachvogel leidet unter den Entwässerungen von Feuchtwiesen).

Ökosystemforschung

Die Ökosystemforschung befasst sich mit der Analyse der Beziehungen zwischen Populationen unterschiedlicher Arten und ihrer Wechselwirkungen mit der unbelebten Umwelt.

Ökosysteme sind definiert als „Beziehungsgefüge von unterschiedlichen Populationen und ihrer unbelebten Umwelt“ und sind durch vollständige Nahrungsnetze und Nahrungsketten gekennzeichnet.

Eine räumliche Abgrenzung ist oft schwierig und von der Betrachtungsweise abhängig. Als Ökosysteme werden z. B. Seen, Wälder oder Fließgewässer bezeichnet. Allerdings können Ökosysteme auch sehr viel kleiner sein („Miniaturökosysteme“).

Kennzeichnend für Ökosysteme sind vollständige Nahrungsketten und Nahrungsnetze. Dies bedeutet, dass Pflanzen als „Primärproduzenten“ (d. h. sie können ihre Nährstoffe mit Hilfe von Sonnenlicht selbst synthetisieren; vergleiche Heintges Arbeitsblätter Land- und Waldbau), pflanzenfressende Tiere, fleischfressende Tiere und sogenannte „Destruenten“, die totes organisches Material mineralisieren (Bakterien und Pilze) vorkommen. Darüber hinaus gibt es noch die sogenannten Saprophagen, Organismen, die sich von totem organischem Material ernähren aber nicht zur mineralischen Stufe abbauen (z. B. Regenwürmer, Hornmilben und Springschwänze).

Vom Begriff Ökosystem wird der Begriff „Biotop“ getrennt, der den Lebensraum einer Lebensgemeinschaft („Biozönose“) kennzeichnet (zunächst wertfrei). Biotope lassen sich im Freiland meist wesentlich einfacher abgrenzen als Ökosysteme (siehe Seite N 11.1 ff.).

Nahrungstypen - Nahrungsketten - Nahrungsnetze

Auf der Grundlage ihrer Ernährungsweise bzw. Nahrungsquelle kann man Lebewesen auch als **Nahrungstypen** einteilen: **Pflanzenfresser, Allesfresser** und **Fleischfresser**. Diese Gruppen lassen sich noch weiter unterteilen, z. B. die Pflanzenfresser in Blatt- und Knospenfresser (Rehwild, Elch), auch in Pflanzensauger oder Blütenbesucher. Als bekanntestes Beispiel für Allesfresser dient unser Schwarzwild und auch wir Menschen. Zu den Fleischfressern gehören Vertreter aller Tierstämme; unter den Säugetieren die Ordnung der Raubtiere, Insektenfresser, bei den Vögeln vor allem die Greifvögel. Je nach Grad der Spezialisierung kann man weiter unterscheiden. Nahrungsgeneralisten sind Tiere, die eine sich von einem breiten Spektrum pflanzlicher und tierischer Nahrung ernähren (z. B. Fuchs). Nahrungsspezialisten haben sich auf wenige Tier- oder Pflanzenarten als Nahrungsquelle spezialisiert (z. B. Schleiereule).

Nahrungsketten und **Nahrungsnetze** sind Modelle für die ökologischen Beziehungen zwischen verschiedenen Arten von Lebewesen. Jede Art ist Nahrungsgrundlage einer anderen Art, ausgenommen Arten am Ende der Nahrungskette. Doch auch diese sind nach ihrem Tod Nahrungsgrundlage von Aasfressern und Destruenten. Die Kenntnis solcher Beziehungen ist auch für den Jäger wichtig, da sie z. B. für die Beurteilung eines Lebensraumes hinsichtlich seiner Eignung für das Wild wichtig sein können.

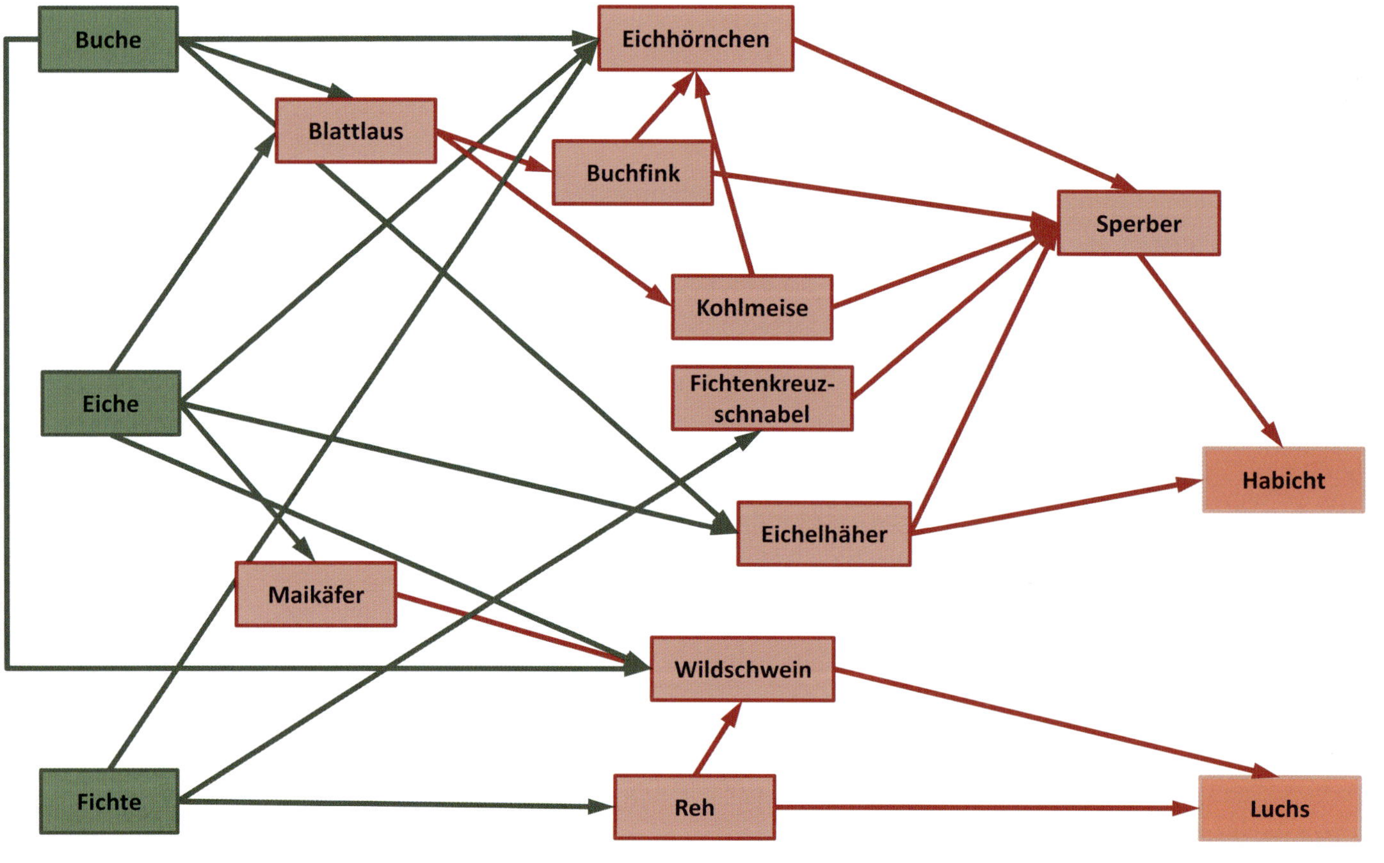

Ökologische Nische

Die Stellung einer Art im Beziehungsgefüge eines Ökosystems („ihr ökologischer Beruf") bezeichnet man als ökologische Nische:

- In Hecken besetzen Grasmückenarten (siehe Seite N 10.1 ff.) die ökologische Nische der kleinen insektenfressenden Vögel. Im Wald wird ihre Rolle durch Goldhähnchen, Laubsänger und Meisenarten eingenommen.
- Turmfalke und Waldohreule besetzen im Lebensraum Kulturlandschaft die gleiche ökologische Nische als spezialisierter Räuber für Feldmäuse. Sie vermeiden Konkurrenz durch unterschiedliche Aktivitätsmuster (Tag-, Nachtaktivität).
- Auch Fledermäuse und Schwalben besetzen oft gleiche Nischen (jagen im Flug Insekten), vermeiden aber Konkurrenz ebenfalls durch unterschiedliche tageszeitliche Aktivitäten.
- Arten, die gleiche ökologische Nischen besetzen, können einander verdrängen (Beispiele: der Europäische Nerz ist durch die Konkurrenz des als Gefangenschaftsflüchtling eingewanderten Amerikanischen Nerzes (Mink) in weiten Teilen seines ursprünglichen Verbreitungsgebietes ausgestorben; inzwischen verdrängt der Mink lokal unseren heimischen Iltis; eingewanderte Pflanzenarten wie Topinambur und Drüsiges Springkraut verdrängen an Gewässerufern die heimische Vegetation).

In unserer mitteleuropäischen Kulturlandschaft sind mehrere ökologische Nischen inzwischen unbesetzt. So fehlen weitgehend große Raubtiere (trotz der Rückkehr von Luchs und Wolf), und auch die großen pflanzenfressenden Säuger sind nur noch durch das Rotwild vertreten, während Elch, Wisent und Auerochse aus unseren Wäldern verschwunden sind.

Schlüsselarten

Als **Schlüsselarten** bezeichnet man Arten, deren Vorkommen eine Voraussetzung für das Auftreten anderer Arten ist. Schlüsselarten sind z. B. viele Insekten als Bestäuber (ohne Bestäubung durch diese Insekten würden sich die meisten Pflanzenarten nicht fortpflanzen können). Schlüsselarten schaffen oftmals selbst ökologische Nischen, z. B. die Spechte im Wald. Viele andere Arten sind auf Spechthöhlen zum Brüten angewiesen, z. B. Hohltaube, Waldkauz, aber auch Meisen oder Bilche als Tagesquartier.

Sie sind nicht zu verwechseln mit den **Flaggschiffarten** (engl. flagship species). So werden im Naturschutz attraktive Tier- oder Pflanzenarten bezeichnet, welche große Teile der Bevölkerung emotional für Naturschutz begeistern. Neben dem weltbekannten Panda ist aber auch unser einheimischer Eisvogel eine solche Flaggschiffart. Vom Erhalt seines Lebensraumes (naturnahe Fluss- und Bachlandschaften ohne künstliche Veränderungen) profitieren auch andere Arten, die weniger bekannt sind.

Tannenmeise

Buntspecht

Leitarten

Als Leitarten bezeichnet man im Naturschutz Arten, deren Ansprüche an den Lebensraum sehr komplex sind. Ein Vorkommen dieser Arten deutet in der Regel auf ein Vorkommen vieler weiterer Arten hin, die mit ihnen den Lebensraum teilen, allerdings oft nur Teile dieses Lebensraums nutzen. Leitarten benötigen meist sehr große Flächen für eine langfristig überlebensfähige Population. Für ihren Schutz müssen deshalb entsprechend umfangreiche und zusammenhängende Areale verfügbar sein.

Eine typische **Leitart für strukturreiche Wälder** im montanen Bereich ist das **Auerhuhn**. Auch der **Schwarzstorch** oder die **Kreuzotter** sind **Leitarten für strukturreiche lichte Wälder**. Die Begriffe „Leitarten" und „Schlüsselarten" müssen vom Begriff „Bioindikatoren" getrennt werden.

Bioindikatoren

Als „Bioindikatoren" bezeichnet man bestimmte Organismen, die durch ihr Vorkommen, ihr Fehlen oder durch bei ihnen auftretende Veränderungen Rückschlüsse auf die Qualität der Umwelt zulassen.

Als Bioindikatoren eignen z. B. Arten, die auf bestimmte Umweltfaktoren besonders sensibel reagieren. Bestimmte Flechtenarten reagieren sehr stark auf Luftverschmutzung (vor allem Schwefeldioxid). Ihr Fehlen deutet auf eine erhöhte Konzentration dieser Luftschadstoffe hin. Wasserlebewesen dienen zur Bestimmung der Gewässergüte.

Linden-Schüsselflechte, eine in Mitteleuropa häufige Blattflechtenart auf Borke (Ahorn, Esche, Linde).

Bestimmte Flechtenarten reagieren sehr stark auf Luftverschmutzung (vor allem Schwefeldioxid). Ihr Fehlen deutet auf eine erhöhte Konzentration dieser Luftschadstoffe hin.

Viele Pflanzenarten (z. B. einige Orchideenarten, Arnika) wachsen an mageren Standorten. Ihr Vorkommen zeigt nährstoffarme Verhältnisse an. Ihr Verschwinden aus einem Lebensraum weist auf Überdüngung hin.

Breitblättriges Knabenkraut und Fieberklee sind Indikatoren für nährstoffarme, ständig feuchte Bodenverhältnisse.

Heintges Thementest
Ökologische Grundlagen des Naturschutzes

Heintges Thementest
Geschützte Pflanzen

Zeigerpflanzen („Indikatorpflanzen“)

Arten mit enger Bindung an bestimmte Biotope werden als **Zeigerpflanzen** (Indikatorpflanzen) bezeichnet. Wegen ihrer geringen Toleranz gegenüber Veränderungen der Bedingungen am Standort sind sie Anzeiger für bestimmte Bodenverhältnisse oder Umwelteinflüsse.

Dazu gehören:
- Feuchtigkeit
- Nährstoffgehalt
- Boden-pH-Wert (saure Böden, basische Böden)
- Eintrag von Schadstoffen aus der Luft (z. B. Stickoxide)
- oder eine Kombination dieser Faktoren

Beispiele für Zeigerpflanzen auf unterschiedlichen Standorten:
- **nährstoffarme Feuchtwiesen:**
  Breitblättriges Knabenkraut, Schlangenknöterich, Sibirische Schwertlilie
- **nährstoffarme trockene Magerrasen mit basischem Ausgangsgestein (Kalk):**
  Küchenschelle, Kartäusernelke, Wiesensalbei, Händelwurz, Hufeisenklee, Wundklee
- **nährstoffarme trockene Magerrasen mit saurem Ausgangsgestein (Urgestein):**
  Heidenelke, Arnika, Borstgras, Kleiner Sauerampfer
- **überdüngte Wiesen (Pflanzenarten als Stickstoffzeiger):**
  Löwenzahn, Breitblättriger Ampfer („Ochsenzunge“), Wiesen-Bärenklau, Wiesen-Kerbel, Giersch
- **überdüngte Raine (Pflanzenarten als Stickstoffzeiger):**
  Brennnessel, Ackerkratzdistel

Schlangenknöterich

Heidenelke

Löwenzahn

Brennnessel

Pflanzen

Das Pflanzenreich umfasst eine große Formenvielfalt, die von den Algen (mit vielen einzelligen Arten) über Moose, Farne und Bärlappe bis zu den Blütenpflanzen reicht. Alle Pflanzen besitzen Chlorophyll („Blattgrün"), mit dessen Hilfe sie Sonnenlicht in Energie umwandeln können. Mit Hilfe dieser Energie können Pflanzen aus Wasser und Kohlenstoffdioxid Zucker synthetisieren (**„Photosynthese"**) (vergleiche Heintges Arbeitsblätter Land- und Waldbau).

Rechtliche Grundlagen (siehe Seite N 12.1 ff.):
Grundsätzlich verboten ist es, wild wachsende Pflanzen ohne vernünftigen Grund zu entnehmen oder ihre Bestände niederzuschlagen oder zu verwüsten. Dies gilt auch für ihre Wurzeln und Zwiebeln. In der BArtSchV werden bereits über 600 Pflanzenarten aufgeführt, die besonders geschützt sind. Darunter befinden sich auch einige häufige Arten, die mit besonders geschützten verwechselt werden können. Eine Ausnahme von den Schutzverordnungen bildet die Handstraußregelung, die im Rahmen des Gemeingebrauchs das Pflücken eines Handstraußes erlaubt. Ausgenommen hiervon sind die besonders geschützten und streng geschützten Arten (unter die Handstraußregelung fallen z. B. Salweide = Palmkätzchen, Maiglöckchen oder typische Wiesenpflanzen wie Margeriten, Hahnenfuß, Schafgarbe).
Viele Pflanzenarten sind durch die Veränderung ihrer Lebensräume schon stark zurückgegangen und teilweise vom Aussterben bedroht. Der Erhalt einer vielfältigen Pflanzenwelt ist ein gemeinsames Ziel von Naturschutz und Jagd, denn sie bietet auch die besten Lebensgrundlagen für das Wild.

In den folgenden Kapiteln werden einige wichtige Pflanzenfamilien und ausgewählte Arten dargestellt. Dabei werden vor allem Arten behandelt, über die es Fragen aus den Fragenkatalogen der Bundesländer gibt. Für eine weitergehende Pflanzenkenntnis und Bestimmungsliteratur wird an dieser Stelle auf die Fachliteratur verwiesen (viele zum Teil sehr gut illustrierte Pflanzenbestimmungsbücher).

Die höheren Pflanzen lassen sich für die folgenden Arbeitsblätter in 2 Gruppen unterteilen:
- **Farne, Schachtelhalme und Bärlappe** pflanzen sich über einen Fortpflanzungszyklus (Generationswechsel) mit Sporen fort (besitzen keine Blüten).
- **Blütenpflanzen** besitzen echte Blüten, die aus einer Blütenhülle, aus Staubblättern und Fruchtblättern bestehen. Blüten können zwittrig (d. h. sie enthalten Staubblätter und Fruchtblätter, z. B. Rosen) oder getrenntgeschlechtlich (z. B. Zucchini mit männlichen und weiblichen Blüten) sein. Darüber hinaus unterscheidet man einhäusige Pflanzen (männliche und weibliche Blüten an der gleichen Pflanze; z. B. Haselnuss) oder 2-häusige Pflanzen (männliche und weibliche Blüten an unterschiedlichen Pflanzen; z. B. Eibe, Brennnessel).

Hinsichtlich der Wuchsform und der Überwinterung lassen sich folgende Strategien unterscheiden, die im folgenden Text (sowie in Heintges Arbeitsblättern Land- und Waldbau) regelmäßig verwendet werden.

Baum	Pflanze verholzt, mit Haupttrieb (Stamm)	oberirdische Teile überwintern
Busch, Strauch	Pflanze verholzt, ohne Haupttrieb (bis ca. 15 m hoch)	
Zwergstrauch	Strauch bis höchstens 1 m Höhe	
Staude	mehrjährige krautige Pflanze ohne oder mit gering verholzten Teilen	Pflanzen überwintern mit bodennahen Knospen, Wurzelstöcken, Knollen oder Zwiebeln
Hochstaude	hochwüchsige Stauden	
Kräuter	ganze Pflanze unverholzt	ganze Pflanze stirbt ab (1-jähriger K.) oder oberirdische Teile sterben ab (2-jährige K.)

Wichtige Überwinterungsstrategien:

Rosette	grundständige Blätter, die meist kreisförmig am Boden aufliegen und über Winter grün bleiben
Zwiebel, Knolle, Wurzelstock (= Rhizom)	unterirdische Überwinterungsformen, die gleichzeitig als Nährstoffspeicher dienen
1-jährige Pflanze (annuelle Pflanze)	krautige Pflanze, die im Winter vollständig abstirbt und jedes Jahr neu auskeimt

Farne N.B

Farne wachsen vor allem in feuchten schattigen Laub- und Nadelwäldern (z. B. Schluchtwäldern), aber auch in Sumpfwiesen oder Mauerritzen. Typischerweise besitzen sie wedelartige, gefiederte Blätter, die beim Austrieb wie ein Bischofsstab eingerollt sind. Die meisten Arten wachsen „nestartig“ aus einer Rosette, der Adlerfarn und einige weitere Arten besitzen kriechende Wurzelstöcke (Rhizome). Die Sporen für die Fortpflanzung bilden sich meist auf der Unterseite der Blattfiedern. Geschützte Arten sind z. B. Hirschzungenfarn, Straußfarn (in feuchten Wäldern) und Natternzunge (auf nährstoffarmen Feuchtwiesen).

Straußfarn

Rippenfarn

Adlerfarn

Bärlappgewächse N.B

Bärlappgewächse gehören in die Verwandtschaft der Farne und sind eine sehr alte Pflanzengruppe. Sie besitzen einen kriechenden Spross mit oftmals moosartigem Aussehen, von dem kleine „Äste“ und die „Sporenähren“ steil aufsteigen. Bärlappe kommen je nach Art in trockenen (Zypressenbärlappe) und feuchten Nadelwäldern (Keulenbärlapp, Sprossender Bärlapp, Tannenbärlapp) oder in Sumpfgebieten (Sumpfbärlapp) vor.

Alle heimischen Arten sind geschützt.

Keulenbärlapp

Blütenpflanzen

Die echten Blütenpflanzen werden in mehrere Gruppen unterteilt:

- **Nacktsamer:** die Samenanlagen werden nicht von einem oder mehreren Fruchtblättern umschlossen und sind frei zugänglich; in Europa nur Holzpflanzen mit geringer Artenzahl (z. B. Tanne, Fichte, Kiefer, Eibe, auch Ginkgo)
- **Bedecktsamer:** die Samenanlagen werden von einem Fruchtblatt umschlossen und sind dadurch geschützt; Holzpflanzen und krautige Pflanzen
- **Zweikeimblättrige:** der aus dem Samen sprossende Keim besitzt 2 Keimblätter: z. B. Buchengewächse, Rosengewächse, Hahnenfußgewächse, Korbblütler, Schmetterlingsblütler
- **Einkeimblättrige:** der aus dem Samen sprossende Keim besitzt ein Keimblatt: Gräser, Sauergräser, Lilien, Schwertlilien, Orchideen

Blütenpflanzen

Nacktsamer: Eibe, Wacholder, Bergkiefer (weitere Koniferenarten siehe Heintges Arbeitsblätter Land- und Waldbau)

Eibe

Merkmale: immergrüner Nadelbaum mit 2-zeilig angeordneten Nadeln (Seitenzweige); Rinde anfangs rotbraun, dann graubraun; männliche und weibliche Pflanzen, Früchte als rote „Beeren"; **alle Teile (mit Ausnahme des roten Samenmantels) sehr giftig!**
Standort: Laubwälder und Bergmischwälder mit wintermildem Klima, sehr viel in Parks und Gärten angepflanzt
Blütezeit: März - Mai
Größe: 10 -15 m hoher Baum

Wacholder

Merkmale: immergrüner, aufrechter Strauch oder kleiner Baum mit nadelähnlichen stechenden Blättern; Rinde graugrün; achselständige Blüten, bläulich-schwarze Beerenzapfen (als Gewürz verwendet)
Standort: sonnige Weiden und Hänge, Felshänge, bis in die subalpine Zone; wird vom Weidevieh nicht gefressen
Blütezeit: April - Mai
Größe: Strauch, meist 2 - 4 m Höhe, Maximum 10 m

Bergkiefer und Spirke

Merkmale: sehr ähnlich der Waldkiefer (siehe Heintges Arbeitsblätter Waldbau), aber Nadeln dunkler und kräftiger; Zapfen jung aufrecht; Latsche (Legföhre), Spirke (Hakenkiefer) und Moorspirke sind Unterarten der Bergkiefer; bei baumförmigem Wuchs abgerundete Krone ausgebildet
Standort: Latsche als niederliegender Strauch an der alpinen Waldgrenze und auf Hochmooren der Mittelgebirge; Spirke als Baum auf Schutt- und Felsstandorten (Tirol, Vorarlberg), Moorspirke im Randbereich von Mooren (Alpenvorland, Erzgebirge, Fichtelgebirge)
Blütezeit: Juni
Größe: als Baum bis über 20 m

alte Moorspirken mit runder Krone

Blütenpflanzen

Kurz besprochen

Bedecktsamer: wichtige Familien der 2-keimblättrigen Pflanzen

Familie Seerosengewächse

Wasserpflanzen mit großen Schwimmblättern; Wurzelstöcke unter Wasser bis 3 m Tiefe; sehr große Blüten; in stehenden oder langsam fließenden Gewässern (auch Altwässer); typisch für die Schwimmblattzone von Gewässern; sie blühen von Juni - August; **alle Arten sind besonders geschützt**

◀ **Teichrose (Mummel)**
große **gelbe Blüten**, eiförmige Schwimmblätter

Seerose ▶
große **weiße Blüten**, rundliche Schwimmblätter

Familie Hahnenfußgewächse

Vielgestaltige Pflanzenfamilie in sehr verschiedenen Lebensräumen; vor allem krautige Pflanzen (verholzend z. B. die einheimische Waldrebe); Blüte sehr vielgestaltig; ihren Namen erhielt diese Pflanzenfamilie von den bei vielen Arten handförmig geteilten Blättern, die an den Fuß eines Hahnes erinnern. Besonders geschützte Hahnenfußgewächse sind: Akelei, Leberblümchen, Trollblume, Eisenhut, Küchenschelle, Frühlings-Adonisröschen. Häufigere Arten sind die Sumpfdotterblume (an Gewässern), mehrere Hahnenfußarten auf Wiesen und Buschwindröschen in lichten Wäldern und Gebüschen.

Geschützte Arten:

Gewöhnliche Akelei
Merkmale: langstielig, überhängende violette Blüte, innere Blütenhüllblätter mit Sporn
Standort: lichte Laubwälder, Gebüsche, Waldränder, bevorzugt auf Kalkboden
Blütezeit: Mai - Juli
Größe: 30 - 70 cm

Leberblümchen
Merkmale: Rosette mit 3-lappigen Blättern, violette Blüte an langem Stiel, Blüten erscheinen vor den Blättern
Standort: halbschattig in lichten Laub- und Mischwäldern, Waldränder, bevorzugt auf Kalkboden
Blütezeit: März - April
Größe: 5 - 15 cm

Trollblume
Merkmale: meist mehrere kräftige, unverzweigte Stängel, große gelbe kugelförmige Blüten (bis 5 cm Durchmesser)
Standort: auf nährstoffarmen Feucht-, Quell- und Sumpfwiesen, Flachmoore, in Hochstaudenfluren bis in subalpine Stufe; **Blütezeit:** Juni - August
Größe: 50 - 150 cm

Was ist eine besonders geschützte Pflanzenart?
Beispiele:

Blütenpflanzen

Familie Hahnenfußgewächse - besonders geschützte Arten

Blauer Eisenhut
Merkmale: aufrechter kräftiger, dicht belaubter Stängel, Blätter handförmig geteilt, gezahnt; blau-violette 2-seitig symmetrische Blüten mit helmförmigem, oberem Blütenhüllblatt (Name!)
sehr giftig!
Standort: feuchte Gebirgswälder, Bachufer, Hochstaudenfluren, bis in alpine Stufe; **Blütezeit:** Juni - August
Größe: 50 - 150 cm

Gewöhnliche Küchenschelle
Merkmale: seidig behaarte grundständige Blätter, erscheinen erst nach der Blüte, blau-violette Blüten an bis zu 30 cm hohen Stängeln
Standort: Charakterpflanze von sonnigen Kalkmagerrasen, lichte Kiefernwälder, Fels-Trockenrasen
Blütezeit: April - Mai
Größe: 5 - 30 cm

Frühlings-Adonisröschen
Merkmale: feingliedrige Laubblätter, große gelbe Blüten mit 5 - 7 cm Durchmesser
Standort: sonnig trockene Standorte (Trocken- und Halbtrockenrasen), lichte Kiefernwälder, sonnige Hänge
Blütezeit: April - Mai
Größe: 10 - 30 cm

Familie Hahnenfußgewächse - weitere nicht „besonders geschützte" Arten (dürfen z. B. im Rahmen der Handstraußregelung gepflückt werden)

Buschwindröschen
Merkmale: 3 quirlständige Blätter, Blüte weiß; Wurzelstöcke (Rhizome) mit Ausläufern, daher meist in großen Trupps
Standort: lichte Laubwälder, Auwälder, Hecken, Wiesenränder
Blütezeit: März - April
Größe: 10 - 25 cm

Sumpfdotterblume
Merkmale: dunkelgrüne, herz-nierenförmige Blätter, große dottergelbe Blüten
Standort: Sumpfwiesen, Ufer, Gräben, Auwälder
Blütezeit: April - Mai
Größe: 15 - 40 cm

Familie Rautengewächse

Diptam
Merkmale: nach Zitrone duftend, einfach gefiederte Blätter, Blüten rosa, in Trauben, der Diptam ist phototoxisch, d. h. die Inhaltsstoffe können auf der **Haut unter UV-Licht Hautreizungen (Blasen)** hervorrufen!
Standort: Säume von warmen Trockenwäldern, Hängen und Gebüschen (z. B. in Mittelfranken), **Blütezeit:** Mai - Juni; **Größe:** 30 - 100 cm

Blütenpflanzen

Familie Seidelbastgewächse
Beispiel: Gemeiner Seidelbast
Merkmale: kleiner Strauch, violette Blüten erscheinen vor den Blättern, rote Beeren (ganze Pflanze giftig)
Standort: lichte Laub- und Mischwälder, auch auf Felsschutt, bevorzugt Kalkboden; besonders geschützt
Blütezeit: März - April
Größe: bis 150 cm

Familie Nelkengewächse
Beispiel: Pfingstnelke
Kräuter oder Stauden mit ungeteilten Blättern, Blütenblätter meist 4- oder 5-zählig, oft von Hochblättern umgeben; artenreiche Familie; die typischen Nelkenarten der nährstoffarmen Waldränder (Heidenelke, Karthäusernelke, Pfingstnelke) sind besonders geschützt; **Blütezeit:** Mai – Juli

Familie Wintergrüngewächse
Beispiel: Wintergrün
wintergrüne Blattrosette mit eiförmigen Blättern, kleine weiße runde Blüten; alle Arten in nährstoffarmen Wäldern (meist feuchte Nadelwälder), **Blütezeit:** Juni - August; Doldiges Winterlieb besonders geschützt

Familie Sonnentaugewächse
Beispiel: Rundblättriger Sonnentau
löffelförmige – rundliche Blätter, dicht **mit klebrigen Drüsenhaaren** bedeckt, die **zum Insektenfang** dienen; aufrechte Stängel mit kleinen weißen Blüten; **Blütezeit:** Juni - September; 5 - 15 cm hoch; alle Arten besonders geschützt; typische Pflanzen von sehr nährstoffarmen sauren Böden; auf Mooren, im Randbereich von feuchten Wiesen; auch im Verlandungsbereich von sehr nährstoffarmen Kies- und Sandgrubengewässern

Familie Heidekrautgewächse
Zwergsträucher und Sträucher; kleine ungeteilte Blätter (z. T. wintergrün); kleine Blüte mit verwachsenen Kronblättern, bevorzugt auf saurem Bodensubstrat; wichtige Arten sind Heidelbeere (rechts), Preiselbeere und Besenheide (siehe Heintges Arbeitsblätter Land- und Waldbau); die Glockenheide charakterisiert vor allem die Moore des norddeutschen Tieflands, der Sumpfporst ist weitgehend auf Ostdeutschland beschränkt; im alpinen Bereich sind die Alpenrosen oberhalb der Baumgrenze oft aspektbildend

Blütenpflanzen

Familie Primelgewächse

Kräuter oder Stauden, Blätter häufig in Rosetten, Blütenkronen am Grund verwachsen, viele Arten in den Alpen und an der Küste; viele Arten sind besonders geschützt (z. B. Schlüsselblumenarten). Nachfolgend 3 Beispiele:

Hohe Schlüsselblume
Merkmale: Blattrosette mit länglichen behaarten Blättern, gelbe Blüten an langgestielten, doldigen Blütenständen
Standort: lichte feuchte Wälder, Hecken, Bergwiesen
Blütezeit: März - Mai
Größe: 10 - 30 cm

Aurikel
Merkmale: Blattrosette mit unbehaarten fleischigen Blättern, gelbe Blüten an langgestielten, doldigen Blütenständen
Standort: Gebirgspflanze
Blütezeit: April - Mai
Größe: 5 - 25 cm

Alpenveilchen
Merkmale: Rosette mit rundlichen Blättern und langgestielten karminroten Blüten
Standort: Gebirgspflanze in Bergwäldern und Felsbereichen; beliebte Zierpflanze
Blütezeit: Juni - Juli
Größe: 10 - 15 cm

Familie Enziangewächse

kleine bis mittelgroße Pflanzen mit ungeteilten Blättern und radiärsymmetrischen, oft großen blauen, gelben oder rosafarbigen, oft glockenförmigen Blüten; besonders artenreich in den Gebirgen; meist giftig, werden daher vom Weidevieh und von Wildtieren nicht gefressen; alle Arten besonders geschützt

Beispiele:

Fransenenzian (rechtes Bild)
Merkmale: aufrechter 4-kantiger Stängel mit länglichen Blättern, blaue Blüten mit gefranstem Rand, meist einzeln
Standort: Kalkmagerrasen, Gebüsch, lichte Kiefernwälder
Blütezeit: Juli - September; **Größe:** 10 - 25 cm

Gelber Enzian (linkes Bild)
Merkmale: aufrechter Stängel mit eiförmigen gegenständigen Blättern, gelbe Blüten radförmig in Tragblättern, Wurzelstock (aus diesem wird der Enzianschnaps gebrannt)
Standort: Gebirgspflanze
Blütezeit: Juni – August; **Größe:** bis über 1 m

Blütenpflanzen

Familie Korbblütler

Hierbei handelt es sich um überwiegend 1- bis 2-jährige oder ausdauernde krautige Pflanzen (selten verholzend) mit körbchenförmigen Blütenständen, die oft innen kleine Röhrenblüten, außen (oft andersfarbige) Zungenblüten tragen, und gemeinsam eine Sammelblüte bilden; viele Arten nur mit Zungenblüten; sehr oft mit klebrigem Milchsaft (Löwenzahn); Samen durch Haare oft flugfähig, zahlreiche Arten, darunter viele Gewürz- und Arzneipflanzen (z. B. Arnika, Beifuß, Kamille, Estragon, Schafgarbe, Huflattich) sowie viele Salat- und Gemüsepflanzen (z. B. Artischocke, Chicorée, Kopfsalat, Sonnenblume, Topinambur). Besonders geschützte Korbblütler sind u. a.: Silberdistel, Arnika, Edelweiß. Häufigere Wiesenarten sind z. B. Margerite, Wiesenbocksbart, Schafgarbe und Gemeiner Löwenzahn. Zu den Korbblütlern zählen auch die Disteln und Flockenblumen.

Geschützte Arten

Arnika
Merkmale: grundständige Rosette, aufrechter Stängel mit 1 - 3 großen (5 - 8 cm Durchmesser) dunkelgelben Blüten
Standort: bodensaure Magerrasen, Borstgrasrasen, Waldränder
Blütezeit: Juni - August
Größe: 20 - 50 cm

Silberdistel
Merkmale: sehr kurzer oberirdischer Stängel, stachelige Blätter am Boden, bis 12 cm große Blütenkörbe mit trockenhäutigen Hüllblättern
Standort: sonnige trockene Magerrasen, Weiden, Waldränder, bis in subalpine Stufe
Blütezeit: Juli - September
Größe: 10 - 30 cm

Edelweiß
Merkmale: ganze Pflanze dicht weißfilzig, aufrechter Stängel mit Scheinblüte aus 5 - 6 Blütenköpfen, von Hochblättern sternförmig umrahmt
Standort: Felsspalten und Rasenbänder der Alpen
Blütezeit: Juni - September
Größe: 5 - 20 cm

Familie Nachtkerzengewächse
Beispiel: Schmalblättriges Weidenröschen

Merkmale: Stängel stumpfkantig, mit schmal-lanzettlichen Blättern, Blüten endständig in Trauben, rosarot bis purpurrot
Standort: Charakterpflanzen von Waldlichtungen, Gebüsch, Wegränder, Hochstaudenfluren
Blütezeit: Juli - August
Größe: 50 - 150 cm
Besonderheit: wichtige Äsungspflanze für Reh- und Rotwild

Blütenpflanzen

Bedecktsamer: wichtige Familien der 1-keimblättrigen Pflanzen

Familie Liliengewächse *)

Krautige Pflanzen mit Knollen, Zwiebeln oder Wurzelstöcken zur Überwinterung; Blüte meist groß, rund, 6 Blütenhüllblätter; oberständiger Fruchtknoten; besonders geschützte heimische Arten sind der Türkenbund und die Schachblume; Herbstzeitlose und Einbeere sind stark giftig; Zwiebel, Schnittlauch, Bärlauch, Knoblauch und Spargel gehören ebenfalls zu den Liliengewächsen

Türkenbund(lilie)
Merkmale: aufrechter Stängel, mittlere Blätter quirlständig, am Stängelende 3 - 10 hängende purpurne Blüten mit turbanartig zurückgebogenen Kronblättern
Standort: im Halbschatten von lichten Laubwäldern und Bergmischwäldern; Randbereiche von Bergwiesen; Blütenknospen werden sehr gerne vom Reh verbissen
Blütezeit: Juni - August
Größe: 30 - 100 cm

Schachblume (Schachbrettblume)
Merkmale: aufrechter Stängel, schmale Blätter; einzelne, hängende rötlich-violette Blüte mit schachbrettartigem Muster
Standort: auf feuchten Auwiesen mit extensiver Bewirtschaftung
Blütezeit: April - Mai
Größe: 15 - 40 cm

Maiglöckchen
Merkmale: 2 langgestreckte lanzettliche Blätter, langgestielt, einseitige Blütentraube mit nickenden weißen Blüten
Standort: halbschattige lichte Laub- und Mischwälder, auch in Kiefernwäldern
Blütezeit: Mai - Juni
Größe: 15 - 25 cm

Familie Amaryllisgewächse

Krautige Pflanzen mit Zwiebeln zur Überwinterung; Blüte meist groß, rund, 6 Blütenhüllblätter; unterständiger Fruchtknoten (Unterschied zu Liliengewächsen); alle heimischen Arten (Märzenbecher, Wilde Narzisse, Wilde Osterglocke) sind besonders geschützt

Märzenbecher (rechtes Bild)
Merkmale: 2 langgestreckte schmale Blätter, Stängel mit einer hängenden glockenförmigen weißen Blüte, die 6 Blütenhüllblätter an der Spitze mit grünlichem oder gelbem Fleck
Standort: halbschattige lichte Laubwälder, Auwälder, Feuchtwiesen im Waldrandbereich
Blütezeit: Februar - April; **Größe:** 15 - 30 cm

Schneeglöckchen (linkes Bild)
Merkmale: 2 langgestreckte schmale Blätter, Stängel mit einer hängenden Blüte mit 3 äußeren freien weißen und 3 inneren verwachsenen grünlich-weißen Blütenhüllblättern
Standort: halbschattige Auwälder, feuchte Laubmischwälder
Blütezeit: Februar - März; **Größe:** 10 - 20 cm

*) Die Liliengewächse sind inzwischen in mehrere Familien aufgespalten worden. Dies nachzuvollziehen würde hier zu weit führen und verwirren.

Blütenpflanzen

Familie Schwertliliengewächse

Krautige Pflanzen mit Knollen oder Rhizomen, lange, oft schwertförmige Blätter; Blüte radiär (Krokus) oder verwachsen (Schwertlilien, Gladiolen); alle heimischen Arten (Schwertlilien, Wilde Gladiole, Wilder Krokus) sind besonders geschützt

Sumpf-Schwertlilie

Merkmale: langgestreckte schwertförmige Blätter, langgestielte gelbe Blüten mit 3 auffälligen Staubblättern
Standort: Ufer von stehenden und langsam fließenden Gewässern, Bruchwälder, Gräben, feuchte Wiesen
Blütezeit: Mai - Juni
Größe: 50 - 100 cm

Sibirische Schwertlilie

Merkmale: buschige Pflanze, langgestreckte linealische Blätter, langgestielte blau-violette Blüten
Standort:
Moorwiesen, Streuwiesen, Waldwiesen
Blütezeit: Mai - Juni
Größe: 50 - 100 cm

Familie Orchideen

sind streng geschützt

Krautige Pflanzen mit kugeligen oder handförmig geteilten Wurzelknollen; komplizierter Blütenbau mit oftmals spezifischen Bestäubungsmechanismen; **alle heimischen Arten sind besonders geschützt** und stehen auf der Roten Liste; sie reagieren sehr sensibel auf Überdüngung, starke Beweidung oder häufige Mahd; Wiesen mit Orchideen sollten möglichst nur einmal pro Jahr im Spätsommer oder Herbst gemäht werden; Standorte von Orchideen sind grundsätzlich schützenswert; dort dürfen auf keinen Fall Wildwiesen oder -äcker angelegt werden

Orchideen wachsen häufig auf den folgenden Standorten:

- Orchideen von Feuchtwiesen (z. B. Breitblättriges und Geflecktes Knabenkraut, Sumpf-Knabenkraut)
- Orchideen von Halbtrocken- und Trockenrasen sowie lichten Kiefernwäldern (z. B. Ragwurzarten, Kleines Knabenkraut, Brandknabenkraut, Händelwurz)
- Orchideen von lichten Laubwäldern (z. B. Frauenschuh, Waldhyazinthe, Weißes Waldvöglein, Vogelnestwurz)

Charakteristische Orchideenarten aus unterschiedlichen Lebensraumtypen:

Feuchtwiese: Breitbl. Knabenkraut

Magerrasen: Fliegenragwurz

Laubwald: Frauenschuh

Laubwald: Rotes Waldvöglein

Pilze

Pilze unterscheiden sich von Pflanzen unter anderem durch das Fehlen von Chlorophyll („Blattgrün"). Sie können somit keine Photosynthese betreiben. Außerdem bilden die Pilze ihre Zellwände aus Chitin und nicht aus Zellulose.

Es lassen sich 3 Ernährungsgruppen unterscheiden:

- **Zersetzung von Pflanzenmaterial („Saprophyten")**, insbesondere von krankem oder totem Holz
  Beispiele: Baumpilze (z. B. Zunderschwamm), Champignon
- **Parasitismus bei anderen Pflanzen oder Tieren**
  Beispiele: Rostpilze (bei Pflanzen), insektenpathogene Pilze (Insekten werden letztlich durch den Pilzbefall getötet)
- **Symbiose im Wurzelbereich mit anderen Pflanzen („Mykorrhiza-Pilze")**
  Beispiele: sehr viele Speisepilze und Giftpilze wie Steinpilz, Rotkappe, Birkenpilz, Maronenröhrling, Fliegenpilz, Knollenblätterpilze

Der Pilzkörper besteht aus einem Netzwerk von Fäden („Hyphen"), die zusammen ein Geflecht („Myzel") bilden, das beispielsweise totes Holz durchzieht („Saprophyten") oder unterirdisch mit Baumwurzeln verbunden ist („Mykorrhiza"). Zur Fortpflanzung wird ein Fruchtkörper gebildet, der im normalen Sprachgebrauch als Pilz bezeichnet wird. Sehr viele Pilze speichern in ihren Fruchtkörpern hochgiftige Stoffe (z. B. Knollenblätterpilze). Von den Fruchtkörpern werden Sporen abgegeben (die „Samen" der Pilze), aus denen sich neue Hyphen entwickeln.

Eine Reihe von Pilzen ist nach der BArtSchV geschützt. Dazu zählen auch einige wichtige Speisepilze wie Steinpilz, Pfifferling, Totentrompete, Birkenpilz, Rotkappe und Morcheln. Diese Arten dürfen zum Eigenverbrauch weiterhin gesammelt werden (bitte unterschiedliche Landesverordnungen beachten!). Für den Eigenverbrauch sollten nur Pilze gesammelt werden, die der Sammler auch eindeutig ansprechen kann.

Sehr viele Pilze werden gerne vom Wild gefressen. Holzzersetzende Pilze können zu Schäden an jagdlichen Einrichtungen führen.

Beispiele:

Pfifferling (Eierschwamm)
dottergelber Pilz; Hut jung gewölbt, später trichterförmig; Mykorrhiza-Pilz vor allem in Nadelwäldern (Kiefer, Fichte)

Rotkappe
orangeroter Hut, weißer Stiel mit schwarzen Flecken; mehrere Arten mit Mykorrhiza bei Birke, Zitterpappel, Kiefer

Porling (Zunderschwamm)
Fruchtkörper verholzt, flach; in totem Holz (saprophytischer Pilz); mehrere Arten zersetzen Holz von Laub- und Nadelbäumen

Einteilung der geschützten Arten (1)

Klasse	Ordnung	Familie	Besonders geschützte / streng geschützte Arten (Beispiele) (hier wird nur eine Auswahl aus der BArtSchV gegeben; auch Ländergesetze und -verordnungen beachten!)
Kerbtiere (Insekten)	Libellen		alle europäischen Arten *)
	Schmetterlinge		alle Tagfalterarten *) **)
			z. B. Apollofalter, Segelfalter
			Schwalbenschwanz, Admiral
			Kleiner Fuchs, Tagpfauenauge
			Zitronenfalter, Hauhechelbläuling
			Schachbrettfalter
	Käfer	Hirschkäfer	Hirschkäfer
		Bockkäfer	Alpenbock *)
		Laufkäfer	Puppenräuber *)
			Großlaufkäfer *)
			Sandlaufkäfer *)
		Wasserkäfer	Kolbenwasserkäfer *)
	Hautflügler	Bienen und Hummeln	alle heimischen Arten *)
		Wespen	Hornisse
		Grabwespen	Kreiselwespe *)
		Ameisen	Rote Waldameise
Lurche (Amphibien)	Schwanzlurche	Salamander	Feuersalamander
			Alpensalamander *)
		Echte Molche (Wassermolche)	Kammmolch *)
			Bergmolch
			Teichmolch
			Fadenmolch *)
	Froschlurche	Echte Kröten	Erdkröte
			Kreuzkröte *)
			Wechselkröte *)
		Scheibenzüngler	Geburtshelferkröte *)
			Rotbauchunke *)
			Gelbbauchunke *)
		Krötenfrösche	Knoblauchkröte *)
		Laubfrösche	Laubfrosch
		Echte Frösche	Grasfrosch
			Springfrosch *)
			Moorfrosch *)
			Seefrosch *)
			Wasser- und Teichfrosch

*) Diese Arten werden im Folgenden nicht näher beschrieben.
**) Bei den Tagfaltern sind die Weißlinge (Gattung Pieris, z. B. Kohlweißling) nicht geschützt.

Einteilung der geschützten Arten (2)

Klasse	Ordnung	Familie	Besonders geschützte / streng geschützte Arten (Beispiele) (hier wird nur eine Auswahl aus der BArtSchV gegeben; auch Ländergesetze und -verordnungen beachten!)
Kriechtiere (Reptilien)	Schildkröten	Sumpfschildkröten	Europ. Sumpfschildkröte
	Schuppenkriechtiere: Echsen	Echte Eidechsen	Zauneidechse
			Wald-, Berg- oder Mooreidechse
			Mauereidechse *)
			Smaragdeidechse *)
		Schleichen	Blindschleiche
	Schlangen	Nattern	Ringelnatter
			Würfelnatter *)
			Schling- oder Glattnatter
			Äskulapnatter *)
		Ottern und Vipern	Kreuzotter
			Aspisviper *)
Säugetiere	Fledermäuse	Fledermäuse	alle europäischen Arten, z. B.
			Braunes und Graues Langohr
			Große Hufeisennase
			Kleine Hufeisennase
			Großer Abendsegler
			Zwergfledermaus
			Mausohr
			Wasserfledermaus
			Mopsfledermaus
	Insektenfresser	Igel	Igel
		Maulwürfe	Europ. Maulwurf
		Spitzmäuse	alle europ. Arten, z. B. Wasserspitzmaus
	Nagetiere	Hörnchen	Eichhörnchen
		Biber	Biber
		Schläfer und Bilche	Siebenschläfer
			Gartenschläfer
			Baumschläfer *)
			Haselmaus
		Hamster	Europ. Feldhamster
		Langschwanzmäuse	Gelbhalsmaus
			Waldmaus *)
			Zwergmaus *)
		Wühlmäuse	Kleinwühlmaus *)
	Raubtiere	Hundeartige	Wolf

Geschützt sind auch zahlreiche Arten aus folgenden Tierstämmen bzw. Tierklassen:
Fische, Rundmäuler, Stachelhäuter (z. B. Seesterne), Weichtiere (z. B. Muscheln, Schnecken), Krebse

*) Diese Arten werden im Folgenden nicht näher beschrieben.

Insekten (Kerbtiere): Typische Merkmale der Insekten

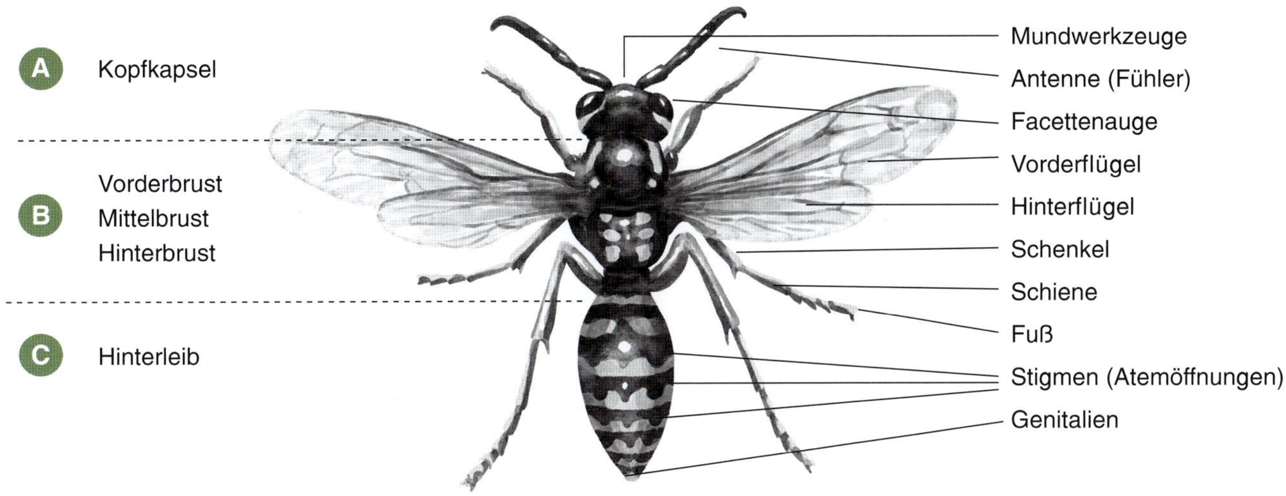

Die Insekten gehören zum Tierstamm der Gliederfüßer, zu denen auch Spinnen (mit Zecken, Milben), Krebse und Tausendfüßler zählen. Insekten besitzen ein festes Außenskelett aus Chitin und immer 6 gegliederte Beine (3 Paare). Ihr Körper lässt sich in 3 Teile gliedern: **A** - Kopf mit Mundwerkzeugen, **B** - Brust und **C** - Hinterleib.
An der Brust setzen bei den meisten Arten 2 Flügelpaare an.

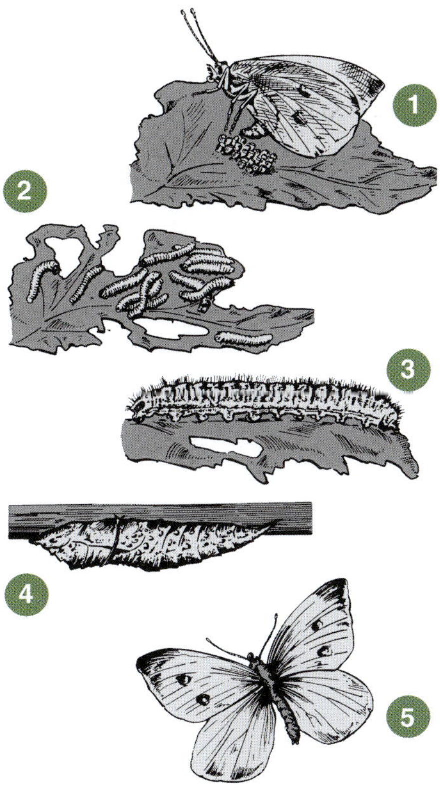

Bei der Entwicklung lassen sich 2 Strategien unterscheiden:

- **Die Entwicklung erfolgt von einem Ei über mehrere Larvenstadien zum erwachsenen (= adulten) Insekt (unvollständige Verwandlung).**
  Zu dieser Insektengruppe zählen z. B. Libellen, Blattläuse, Wanzen und Heuschrecken.

- **Nach Ei und Larvenstadien folgt zunächst ein Puppenstadium.**
  Aus der Puppe (die oft durch einen von der Larve gesponnenen Kokon geschützt wird) entwickelt sich das adulte Insekt (vollständige Verwandlung). Zu dieser Insektengruppe zählen Käfer, Schmetterlinge, Hautflügler und Zweiflügler (= Fliegen und Mücken).

Grafik:
Vollständige Verwandlung am Beispiel des Kohlweißlings: (1) Weibchen legt Eier auf Raupenfutterpflanze, (2) und (3) unterschiedlich alte (und große) Larvenstadien, (4) Puppe, (5) erwachsener (= adulter) Schmetterling

Insekten stellen die weltweit größte Tiergruppe mit mehreren Millionen Arten dar. In Deutschland kommen über 33.000 Arten vor. Im Folgenden werden einige Vertreter aus wichtigen Insektenordnungen beschrieben, die für die Jägerprüfung relevant sind (siehe auch Heintges Arbeitsblätter Land- und Waldbau für weitere Arten). Für eine weitere Beschäftigung mit Insekten muss auf die einschlägige Literatur verwiesen werden. Unter den Insekten sind z. B. alle Tagfalter (Ausnahme: Kohlweißling), Wildbienen, Waldameisen und die Hornisse geschützt.

Insekten (Kerbtiere): Wichtige Ordnungen und deren Vertreter

Ordnung Käfer:

Vorderflügel als Deckflügel sehr hart (lederartig), Hinterflügel häutig, Adulte mit kauenden oder beißenden Mundwerkzeugen, Beine als Lauf-, Grab-, Schwimm- oder Sprungbeine; vollständige Verwandlung; unter den Käfern gibt es mehrere wichtige Forstschädlinge, z. B. die Borkenkäfer (siehe Heintges Arbeitsblätter Land- und Waldbau)

Hirschkäfer = streng geschützt

Merkmale: Körper 6 - 7 cm, Männchen mit geweihartigen Oberkiefern (ca. 2,5 - 3,5 cm lang), geschützt nach BArtSchV
Lebensraum: **vor allem in alten Eichenwäldern**, bevorzugt auf Lichtungen, an Schneisen und Waldrändern; sehr selten
Fortpflanzung: Weibchen legt 50 - 100 Eier einzeln in bereits moderndes Eichenholz (Stubben); Larvendauer etwa 5 Jahre, 1 Jahr Puppenruhe
Nahrung: **Larven leben vom vermodernden Totholz (Mulm) alter Eichen; erwachsene Käfer lecken gärende Baumsäfte**, vor allem an Eichen

Ordnung Hautflügler:

2 Paar häutige, durchscheinende Flügel (Vorder- und Hinterflügel unterschiedlich groß), Flügel bei vielen Arten rückgebildet; Adulte mit leckend-saugenden Mundwerkzeugen, oft Legestachel (bei Bienen, Hornissen, Wespen und Hummeln als Stechapparat ausgebildet), vollständige Verwandlung; viele staatenbildende Arten (Ameisen, Honigbienen, Hummeln, Wespen): bei diesen lassen sich 3 „Kasten" unterscheiden: Königin (eierlegend), Arbeiterin (sterile Weibchen), Männchen; zu den Hautflüglern zählen Schlupfwespen, Wespen, Bienen, Hummeln, Hornissen, Ameisen

Arbeiterin Königin Männchen

Waldameisen = Polizei des Waldes

Merkmale: kräftiger gedrungener Körper, Kopf und Hinterleib schwarz, Brust rotbraun; Ameisenköniginnen besitzen nur zur Paarungszeit Flügel, die anschließend abgeworfen werden; Arbeiterinnen sind immer flügellos; Waldameisen besitzen keinen Giftstachel, sondern verspritzen Ameisensäure zur Abwehr
Lebensraum: in lichten Wäldern und an Waldrändern, vornehmlich Nadelwäldern; wichtig ist Windschutz
Fortpflanzung: staatenbildend, bauen große kuppelförmige Nester („Ameisenhügel") aus Koniferennadeln mit darunterliegendem tiefem Erdbau; der Staat ist mehrjährig
Nahrung: Larven und erwachsene Tiere ernähren sich von Insekten und „Honigtau" (zuckerhaltige Exkremente von Blattläusen; Blattläuse werden von Ameisen regelrecht „gemolken")
Arten: es gibt in Deutschland mehrere Arten, die sich geringfügig in der Größe unterscheiden; häufige Arten sind die Große und die Kleine Waldameise; beide Arten mit sehr großen langlebigen Kolonien und sehr großen Nesthügeln (bis 2 m Durchmesser)

Besonderheiten: **Waldameisen jagen in größeren Mengen Insekten**, darunter auch wichtige Forstschädlinge; sie **gelten deshalb in Wäldern als „nützlich"** und werden teilweise aktiv geschützt (z. B. Drahtkäfige zum Schutz vor Dachs und Spechten). Die Larven und Puppen sind ein wichtiges Kükenfutter für Hühnervögel (z. B. Auerwild). Das Sammeln von Larven und Puppen zur Aufzucht von Volierenvögel, das früher verbreitet war, ist nicht mehr erlaubt, da **Waldameisen nach der BArtSchV geschützt** sind.

Insekten (Kerbtiere): Wichtige Ordnungen und deren Vertreter

Ordnung Hautflügler:

Hornisse

Die Hornisse zählt zu den Wespen und ist die größte heimische Hautflüglerart. Sie ist nach der BArtSchV geschützt.

Merkmale: Königin bis 6 cm, neben der schwarzgelben Färbung auch rot gefärbte Körperbereiche; mit Giftstachel, Hornissen sind wenig aggressiv und greifen den Menschen in der Regel nicht von selbst an

Lebensraum: in lichten Wäldern, in Streuobstbeständen, in Siedlungen

Fortpflanzung: Hornissen sind staatenbildend; sie bauen „Papiernester“ (aus zerkautem Holz) in Baumhöhlen, Nistkästen oder anderen Hohlräumen (z. B. an Jagdkanzeln); der Staat ist 1-jährig, nur die junge Königin überwintert

Nahrung: Larven werden mit Insekten gefüttert (Hornissen jagen gerne Wespen), erwachsene Tiere lecken auch Nektar und Fruchtsäfte

Ordnung Schmetterlinge:

2 Paar häutige, beschuppte Flügel, Adulte mit saugenden Mundwerkzeugen (Nektarsauger an Blüten), vollständige Verwandlung, Larven (= Raupen) fressen an Pflanzen, „Tagfalter“ meist sehr farbenprächtig, „Nachtfalter“ oft unscheinbar, unter den Nachtfaltern gibt es mehrere wichtige Forstschädlinge (siehe Heintges Arbeitsblätter Land- und Waldbau)

Ausgewählte Tagfalterarten:

1. Reihe von links nach rechts:
Admiral (Raupen an Brennnessel), Zitronenfalter (Raupen an Faulbaum), Bläuling (mehrere Arten mit unterschiedlichen Futterpflanzen), Apollofalter (Raupen an Fetthenne)

2. Reihe von links nach rechts:
Tagpfauenauge (Raupen an Brennnessel), Schwalbenschwanz (Raupen an Dill und anderen Doldenblütlern), Kleiner Kohlweißling (Raupen an Kreuzblütlern), Brauner Bär („Nachtfalter“) (mehrere Arten mit unterschiedlichen Raupenfutterpflanzen)

Mollusken (Weichtiere): Wichtige Vertreter

Weinbergschnecke

Die Weinbergschnecke ist die größte heimische Schneckenart. Sie lebt vor allem auf kalkreichen Böden.

Das Sammeln von Weinbergschnecken wird durch die FFH-Richtlinie und die Bundesartenschutzverordnung geregelt.

Lurche oder Amphibien: Typische Merkmale der Amphibien

Der Körper der Amphibien wird von einer Schleimschicht bedeckt, die von Hautdrüsen produziert wird. Diese bietet keinen Austrocknungsschutz, so dass Amphibien auf feuchte Lebensräume angewiesen sind. In den Drüsen, die entweder als Leisten am Körper (z. B. Frösche) oder in speziellen Drüsenbereichen hinter den Ohren (z. B. Kröten, Salamander) sitzen, werden auch ätzende Hautgifte erzeugt, die der Verteidigung dienen. Amphibien sind wechselwarme Wirbeltiere, deren Körpertemperatur durch die Außentemperatur gesteuert wird. Die Überwinterung erfolgt in Mitteleuropa entweder in frostfreien Quartieren an Land (z. B. Erdlöchern, feuchte Höhlen) oder unter Wasser.

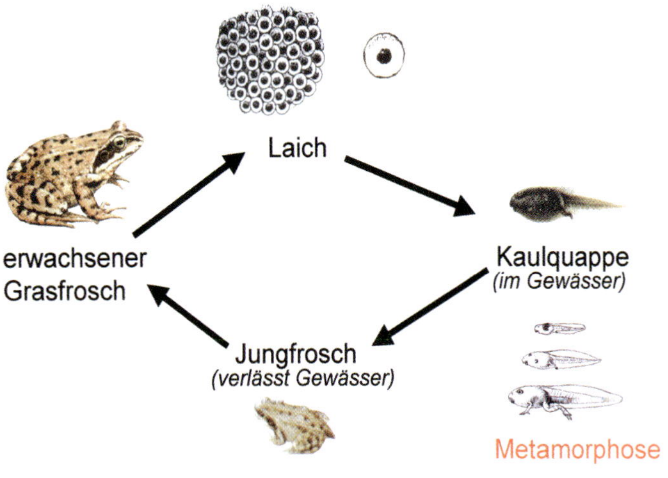

Amphibien sind in ihrer Fortpflanzung eng an das Wasser gebunden (Ausnahme: Alpensalamander).

Die Weibchen legen Laich (= Eier mit Gallertumhüllung) einzeln oder in Ballen ins Wasser. Daraus entwickeln sich die Larven (= Kaulquappen), die generell einen Ruderschwanz besitzen, zunächst beinlos sind und durch Kiemen atmen. Beim Übergang zum Landleben wachsen erst die Beine, anschließend bilden sich die Kiemen zurück. Diesen Vorgang nennt man **Metamorphose**.

Die adulten Tiere atmen durch Lungen. Die Entwicklungszeit von der Eiablage bis zum Verlassen des Laichgewässers schwankt zwischen den Arten sehr stark und beträgt zwischen etwa 3 Wochen (Minimum) und über 1 Jahr (Maximum).

In Deutschland leben 21 Amphibienarten, von denen 7 Arten zu den Schwanzmolchen (Feuersalamander, Alpensalamander, Bergmolch, Teichmolch, Fadenmolch, Kammmolch, Alpenkammmolch) und 14 Arten zu den Froschlurchen (Grasfrosch, Moorfrosch, Springfrosch, Wasserfrosch, Teichfrosch, Seefrosch, Erdkröte, Kreuzkröte, Wechselkröte, Laubfrosch, Gelbbauchunke, Knoblauchkröte, Geburtshelferkröte, Rotbauchunke) zählen. **Alle Amphibienarten sind in Deutschland nach der BArtSchV geschützt.**

Amphibien unterteilen sich in 2 Hauptgruppen (Ordnungen):

Schwanzlurche (= Molchartige)

Schwanzlurche besitzen als Erwachsene einen **langen Schwanz und 4 gleichartige Gliedmaßen**. An Land bewegen sie sich kriechend, im Wasser schlängelnd (Fortbewegung durch Rudern mit dem Schwanz). Schwanzlurche besitzen **keine Stimmorgane**.

Die Larven (= Kaulquappen) haben einen länglichen Körper und bis zur Metamorphose äußere Kiemen. **Die Vorderbeine entwickeln sich vor den Hinterbeinen**.

Die Ernährung erfolgt räuberisch (z. B. Wasserflöhe und andere Kleinkrebse).

Froschlurche (= schwanzlose Lurche)

Erwachsene Froschlurche besitzen **keinen Schwanz**. Die kräftigen Hintergliedmaßen sind meist als Sprungbeine ausgebildet. An Land bewegen sie sich springend oder hüpfend, im Wasser mit kräftigen Schwimmbewegungen der Beine. Froschlurche besitzen Stimmbänder, die sie zu **arttypischen Lautäußerungen** befähigen.

Die Larven (= Kaulquappen) haben einen rundlichen Körper, die Kiemen sind in einer Hauttasche verborgen (innere Kiemen). **Die Hinterbeine entwickeln sich vor den Vorderbeinen**.

Die Nahrung besteht vor allem aus pflanzlichem Plankton und Aufwuchs, der abgeweidet wird.

Schwanzlurche: Salamander und Molche

In Deutschland kommen 7 Schwanzlurcharten vor. Bergmolch, Teichmolch, Kammmolch und Feuersalamander kommen in ganz Deutschland vor. Der Fadenmolch beschränkt sich auf das westliche Bundesgebiet und fehlt in weiten Teilen Bayerns, Nord- und Ostdeutschlands. Alpensalamander und Alpenkammmolch sind alpine Arten, die nur in Bayern anzutreffen sind. Salamander und Molche lassen sich von Eidechsen auch durch die feuchte Haut unterscheiden.

Feuersalamander

Feuersalamander

Merkmale: ca. 15 - 20 cm lang, schwarz mit unterschiedlich groß ausgedehnten gelben Flecken; runder Schwanz; Haut mit Giftdrüsen (schwarz-gelbe Warnfärbung)
Lebensraum: feuchte schattige Wälder (häufig in engen Tälern) mit krautreichem Unterwuchs; tagsüber in Bodenverstecken
Fortpflanzung: Paarung im Sommer an Land; Weibchen setzen im folgenden Frühjahr etwa 20 - 35 graue Larven meist in kleine Quellbäche ab; zur erfolgreichen Entwicklung sind fischfreie Gewässer nötig, da die Larven sehr empfindlich auf Fischfraß reagieren; Umwandlung und Färbung nach etwa 2 - 3 Monaten
Nahrung der Erwachsenen: **Würmer, Nacktschnecken, bodenlebende Insekten** und Spinnen
Schutz: geschützt nach BArtSchV

Teichmolch

Teichmolch, Bergmolch und Kammmolch

Merkmale:
Teichmolch: braun, beim Männchen meist mit dunklen Flecken, Unterseite hell, zur Paarungszeit orange mit dunklen Flecken und Punkten, Männchen zur Paarungszeit mit gewelltem Rückenkamm
Bergmolch: Männchen blau, Weibchen schwarzbraun, Bauch einfarbig orange
Kammmolch: sehr groß, dunkel gefärbt mit schwarz-gelb marmoriertem Bauch, Männchen zur Paarungszeit mit großem Rückenkamm
Lebensraum/Lebensweise: zur Laichzeit in pflanzenreichen besonnten Teichen und Tümpeln; im Sommer in feuchten Wäldern, an Bachufern und in feuchten Wiesen
Fortpflanzung: Laichzeit im Mai und Juni; Eier einzeln an Wasserpflanzen, Umwandlung nach 2 - 3 Monaten
Nahrung der Erwachsenen: Würmer, Nacktschnecken, bodenlebende Insekten und Spinnen
Schutz: geschützt nach BArtSchV

Bergmolch

Kammmolch

Froschlurche: Frösche, Kröten, Laubfrösche und Unken

In Deutschland kommen insgesamt 15 Froschlurcharten vor. Die häufigsten und bekanntesten Arten sind der Grasfrosch, der Wasserfrosch und die Erdkröte. Auch der sehr seltene Laubfrosch ist einer breiten Bevölkerung bekannt. **Alle Arten sind nach der Bundesartenschutzverordnung geschützt**. *Weitere Informationen, insbesondere zu den hier nicht behandelten Arten, im Internet unter www.jagdtrainer.de.*

Grasfrosch
Merkmale: bis 10 cm lang, Grundfärbung oberseits braun, sehr variabel, mit schwarzen Flecken hinter den Augen und schwarz gestreiften Hinterbeinen, Kehle und Bauch immer gefleckt; glatte Haut
Lebensraum/Lebensweise: zur Laichzeit an kleinen Teichen und Weihern, danach Grünland, Gebüsche, Gärten, feuchte Wälder
Fortpflanzung: Laichzeit im zeitigen Frühjahr (März/April) nach der Schneeschmelze; Laichballen in großen Klumpen in sehr flachem Wasser in Teichen, auf überschwemmten Wiesen, auch in Gräben und Kleingewässern
Nahrung der Erwachsenen: bodenlebende und fliegende Insekten, Spinnen, Asseln, Würmer, Schnecken

Wasserfrosch und Teichfrosch
Merkmale: bis 12 cm lang, Grundfärbung grün, sehr variabel mit unterschiedlich ausgedehnter schwarzer Zeichnung, oft heller Rückenstreifen, glatte Haut
Lebensraum/Lebensweise: ganzjährig an pflanzenreichen besonnten größeren und kleineren Gewässern; sonnt sich im Sommer gerne an Gewässerrändern; überwintert im Gewässer
Fortpflanzung: Laichzeit im Mai/Juni; Laich in Klumpen im tieferen Wasser
Nahrung der Erwachsenen: bodenlebende und fliegende Insekten, Würmer, Spinnen

Erdkröte
Merkmale: bis 15 cm lang; warzige Haut einheitlich braun; Ausscheidungen der Ohrdrüsen giftig
Lebensraum/Lebensweise: zur Laichzeit in unterschiedlichsten Gewässern; im Sommer in Wäldern, auf Wiesen, in der Kulturlandschaft, häufig in naturnahen Gärten im Siedlungsbereich
Fortpflanzung: Laichzeit im zeitigen Frühjahr (März/April) nach der Schneeschmelze; Laich in Schnüren, die gerne um Wurzeln gewickelt werden; Kaulquappen in großen Schwärmen
Nahrung der Erwachsenen: Nacktschnecken, Würmer, bodenlebende Insekten und Spinnen

Laubfrosch
Merkmale: kleiner Frosch bis 5 cm; Oberseite glatt und grasgrün (blattgrün); schwarzer Augenstreif; Finger und Zehen mit Haftlappen
Lebensraum/Lebensweise: zur Laichzeit an kleinen Stillgewässern; im Sommer an Waldrändern, in Hochstaudenfluren und Sümpfen; klettert sehr gut
Fortpflanzung: Laichzeit im Sommer an vegetationsreichen kleinen Stillgewässern; kleine Laichklumpen am Gewässergrund
Nahrung der Erwachsenen: vor allem fliegende Insekten in Gebüschen und Hochstauden

Gelbbauchunke
Merkmale: kleiner Froschlurch bis 5 cm, Oberseite warzig, braun, Unterseite gelbschwarz marmoriert
Lebensraum/Lebensweise: zur Laichzeit an Pfützen und Kleingewässern, im Sommer an Waldrändern, im Feuchtwald und in Hochstaudenfluren
Fortpflanzung: Laichzeit im Sommer an vegetationsarmen Kleingewässern und Pfützen, die später austrocknen, sehr kleine Laichklumpen
Nahrung der Erwachsenen: bodenlebende und fliegende Insekten, Spinnen

Kriechtiere oder Reptilien: Typische Merkmale der Kriechtiere

Reptilien besitzen eine drüsenfreie verhornte Haut ohne Haare oder Federn, die mit Knochenplatten (Schildkröten) oder Schuppen (Schuppenkriechtiere) bedeckt ist. Diese dienen als Austrocknungsschutz, aber nicht als Wärmeisolierung. Trotz eines weitgehend getrennten doppelten Blutkreislaufs sind sie deshalb wechselwarm, d. h. sie können ihre Körpertemperatur nicht durch den Stoffwechsel konstant halten. Die Körpertemperatur wird weitgehend von der Außentemperatur gesteuert, kann aber durch Exposition (Schatten, Sonne) beeinflusst werden.

Die Atmung erfolgt immer mit Lungen. Reptilien legen Eier, die durch eine pergamentartige Schale vor Austrocknung geschützt sind. Dadurch werden sie - im Gegensatz zu den Amphibien - unabhängig vom Wasser. Ihre Fortpflanzung erfolgt immer an Land. Aus den Eiern schlüpfen voll entwickelte Jungtiere. 5 mitteleuropäische Arten gebären lebende Junge, d. h. die Eier werden im Mutterleib ausgebrütet. In Mitteleuropa halten alle Reptilienarten eine Winterruhe in einem frostfreien Winterquartier (Komposthaufen, Steinhaufen, Bodenlöcher und -spalten). In Deutschland leben 12 Arten der Schuppenkriechtiere. Die Sumpfschildkröte zählt zu einer eigenen Unterklasse.

Alle Reptilienarten sind in Deutschland nach der BArtSchV geschützt.

Schildkröten: Europäische Sumpfschildkröte

Merkmale: Gesamtlänge ca. 35 cm; gedrungener Bauch- und Rückenpanzer; Rückenpanzer braun mit gelben Punkten; Bauch meist gelblich; Zehen mit Schwimmhäuten; guter Schwimmer, sehr scheu
Lebensraum: stehende oder langsam fließende krautreiche Gewässer; nur noch in Nordostdeutschland regelmäßig vorkommend
Fortpflanzung: 10 - 15 Eier werden in feuchtwarmem Substrat am Ufer vergraben
Nahrung: Fische, Amphibien, Würmer, Insekten, Pflanzen
Gefährdung: vom Aussterben bedroht
Schutz: streng geschützt nach FFH und BArtSchV

Merkmale der Schuppenkriechtiere (Echsen und Schlangen)

Zu den Schuppenkriechtieren zählen in Deutschland 6 Echsenarten und 6 Schlangenarten. Eidechsen und Schlangen besitzen mehrere Gemeinsamkeiten, lassen sich aber auch leicht unterscheiden:

Gemeinsamkeiten

Körper beschuppt und langgestreckt
mehrmalige wachstumsbedingte Häutung pro Jahr
Ernährung durchweg räuberisch
Beute wird unabhängig von der Größe immer als Ganzes verschlungen

Unterschiede

Echsen	Schlangen
mit beweglichen Augenlidern	mit starren Augenlidern
mehrere Schuppenreihen am Bauch	nur 1 Schuppenreihe am Bauch
Zunge mit 2 Lappen am Ende	Zunge tief gespalten
mit oder ohne äußere Gliedmaßen	immer ohne äußere Gliedmaßen
können Schwanz bei Gefahr abwerfen	

Kriechtiere oder Reptilien: Typische Merkmale der Kriechtiere

Eidechsen und Schleichen:

In Deutschland kommen 5 Echsenarten vor. Zauneidechse, Waldeidechse und Blindschleiche sind über das gesamte Bundesgebiet verbreitet und regelmäßig anzutreffen. Die Mauereidechse und die Smaragdeidechse sind auf trockenwarme Lagen in Südwestdeutschland beschränkt (Baden-Württemberg, Rheinland-Pfalz, Reliktvorkommen in Bayern; Mauereidechse auch in NRW, Smaragdeidechse auch in Brandenburg). Es sei an dieser Stelle noch einmal darauf hingewiesen, dass die **Blindschleiche zur Echsenfamilie der Schleichen zählt und keine Schlange** ist. Eine Besonderheit aller heimischen Echsen ist die Fähigkeit, bei Gefahr den Schwanz abwerfen zu können. Dieser wächst langsam wieder nach.

Weiterführende Informationen zu Mauereidechse und Smaragdeidechse finden Sie im Internet unter www.jagdtrainer.de.

Zauneidechsenmännchen

Zauneidechsenweibchen

Waldeidechse

Blindschleiche

Zauneidechse

Merkmale: Gesamtlänge bis über 20 cm; Männchen im Frühjahr mit grünen Flanken und braunem Rücken („Hochzeitskleid"), im Sommer grünlich-braun; Weibchen braun mit hellen Flecken; Bauch grüngelb; Jungtiere braun, immer mit „Augenflecken"
Lebensraum/Lebensweise: trocken und warme Flächen mit strukturreicher Vegetation: Magerrasen, Waldränder, Wegränder, Lesesteinhaufen, Bahndämme; sonnt sich gerne auf offenen Sandstellen und Totholz; natürliche Feinde, u. a. Turmfalke und Schwarzwild
Fortpflanzung: meist im Juni 5 - 15 Eier in lockerem Sand oder unter Steinen; Jungtiere schlüpfen nach 6 - 8 Wochen
Nahrung: kleine bodenlebende Insekten und Spinnen
Schutz: streng geschützt nach FFH und BArtSchV

Waldeidechse (= Berg-, Mooreidechse)

Merkmale: bis max. 18 cm lang; Grundfarbe braun mit hellen (meist) gelben und schwarzen Flecken; oft helle und dunkle Rückenbänder; Jungtiere zunächst schwarz, dann bronzefarben
Lebensraum/Lebensweise: regelmäßig in Waldlebensräumen (Waldränder, Lichtungen), an Moorrändern, Hecken und Böschungen, oft in Wassernähe; natürliche Feinde, u. a. Turmfalke, Igel, Schwarzwild
Fortpflanzung: im Hochsommer 2 - 5 lebende Junge
Nahrung: kleine bodenlebende Insekten und Spinnen
Schutz: geschützt nach BArtSchV

Blindschleiche

Merkmale: bis 40 cm lang, meist aber nicht über 30 cm; keine äußeren Gliedmaßen; Grundfarbe braun, Männchen oft mit blauen Flecken, Weibchen mit schwarzem Aalstrich und Seitenstreifen; Jungtiere kupferfarben
Lebensraum/Lebensweise: weit verbreitete Art, die ein breites Lebensraumspektrum bewohnt (Waldlebensräume, Magerrasen, Böschungen, Wiesen etc.) und häufig auch in Gärten anzutreffen ist; Blindschleichen leben sehr versteckt und verbergen sich gerne unter Steinen und Brettern; natürliche Feinde, u. a. Mäusebussard, Turmfalke, Igel
Fortpflanzung: im Spätsommer 3 - 18 lebende Junge
Nahrung: Regenwürmer und Nacktschnecken, daneben auch Insekten und Spinnen
Schutz: geschützt nach BArtSchV

Kriechtiere oder Reptilien: Typische Merkmale der Kriechtiere

Schlangen

In Deutschland kommen 6 Schlangenarten vor: **Ringelnatter, Würfelnatter, Schlingnatter** und **Äskulapnatter** zählen zu den **ungiftigen Nattern**. **Kreuzotter und Aspisviper** zählen zu den **giftigen Vipern**. Nattern unterscheiden sich von den Vipern durch die runden Pupillen (Vipern: geschlitzte Pupillen), die wenigen großen Kopfschilder (Vipern: viele kleinere Schilder) und den schlankeren Körperbau. Alle heimischen Schlangen leben von anderen Wirbeltieren, die im Ganzen verschlungen werden. Anpassungen hierfür sind die Fähigkeit, die Unterkieferhälften unabhängig zu bewegen, die besondere Kieferkonstruktion und die enorme Dehnbarkeit des Rumpfes. Nur Ringelnatter, Schlingnatter und Kreuzotter sind weit verbreitet, die anderen 3 Arten kommen nur in eng begrenzten Gebieten vor. *Weiterführende Ausführungen zu Äskulapnatter und Würfelnatter finden Sie im Internet unter www.jagdtrainer.de.*

Ringelnatter

Merkmale: Männchen bis 1 m, Weibchen bis 1,5 m Körperlänge; Oberseite hellgrau bis dunkelgrau, oft mit dunklen Flecken; immer **gelbe oder weiße halbmondförmige Flecken am Hinterkopf**; Unterseite schwarzgelb gefleckt

Lebensraum/Lebensweise: **an stehenden oder fließenden Gewässern, in Feuchtwiesen, an Moorrändern**, in feuchten Wäldern; natürliche Feinde, u. a. Graureiher, Rohrweihe, Mäusebussard

Fortpflanzung: 25 - 40 Eier im Juni in verrottende Laub- oder Schilfhaufen, Komposthaufen oder Misthaufen; die Jungschlangen schlüpfen im Spätsommer

Nahrung: als Jungschlangen ausschließlich kleine Amphibien oder Kaulquappen, adulte Schlangen Amphibien (alle Arten), kleine Fische, Mäuse

Schutz: geschützt nach BArtSchV

Schlingnatter

Merkmale: bis 75 cm lang; Grundfarbe grau oder braun mit dunklen Flecken oder Balken am Rücken, Kopf mit dunkler balken-, tropfen- oder herzförmiger Zeichnung; dunkler Augenstreif; Vorsicht: Verwechslungsgefahr mit der Kreuzotter

Lebensraum/Lebensweise: wärmeliebende Art mit Schwerpunkt in Süddeutschland; dort gebietsweise häufig in strukturreichen Magerrasen, an Waldrändern, in Heiden, lebt sehr versteckt; natürliche Feinde, u. a. Igel, Turmfalke

Fortpflanzung: im Spätsommer 4 - 10 **lebende Junge**

Nahrung: als Jungschlangen ausschließlich kleine Reptilien, adulte Schlangen Reptilien, Spitzmäuse, Mäuse, Vögel; Beute wird umschlungen (Name!) und erdrosselt

Schutz: streng geschützt nach FFH und BArtSchV

Kreuzottermännchen (grau) und -weibchen (braun)

Kreuzotter

Merkmale: bis 85 cm lang, meist aber nicht über 60 cm; Grundfarbe Männchen grau, Weibchen braun; **durchgehendes Zickzackband auf dem Rücken, X-förmige Zeichnung auf dem Kopf**

Lebensraum/Lebensweise: inzwischen sehr seltene Art mit Schwerpunkt in Mooren, auf Waldlichtungen und lichten Wäldern, an Waldrändern, auf Heiden; natürliche Feinde, u. a. Schwarzwild, Mäusebussard

Fortpflanzung: im Spätsommer 3 - 15 **lebende Junge**

Nahrung: als Jungschlangen kleine Reptilien und Amphibien, adulte Schlangen Kleinsäuger **(v. a. Mäuse), Amphibien, Reptilien**, selten Vögel; die Beute wird mit Gift getötet;

Schutz: geschützt nach BArtSchV

Giftschlange: Biss für Mensch und Hund nicht tödlich, muss aber behandelt werden; Arztbesuch (bzw. Tierarztbesuch) wird dringend empfohlen.

Säugetiere: Typische Merkmale der Säugetiere

Säugetiere sind **warmblütige Wirbeltiere**. Sie besitzen ein 4-kammeriges Herz und haben einen **doppelten Blutkreislauf** (Körper- und Lungenkreislauf). Die Körpertemperatur wird durch einen komplizierten Regelmechanismus konstant gehalten. Säuger haben ein inneres Skelett und bewegen sich auf 2 Gliedmaßenpaaren. Alle Säugetiere besitzen **echte Haare**. Zur Nahrungsaufnahme und -zerkleinerung haben Säugetiere ein Gebiss mit unterschiedlichen Zahntypen. Säugetiere sind getrenntgeschlechtlich und gebären lebende Junge. Die weiblichen Tiere produzieren während der Aufzuchtzeit in speziellen Drüsen Milch zur Aufzucht der Jungen, die durch Zitzen abgegeben wird, an denen die Jungtiere saugen („Säuger").

Weitere Einzelheiten zur zoologischen Einteilung, zum Körperbau und zur generellen Lebensweise der Säuger finden sich in den Heintges Arbeitsblättern Haarwild.

Die in Deutschland vorkommenden Arten lassen sich rechtlich in mehrere Gruppen unterteilen:
- Arten, die dem Jagdrecht unterliegen (siehe Heintges Arbeitsblätter Haarwild)
- Arten, die dem Naturschutzrecht unterliegen
- Arten, die nicht geschützt sind: Scher-, Rötel-, Erd-, Feld- und Hausmaus, Wanderratte, Hausratte (siehe Seite N 12.3)
- Bisam, Nutria, Mink, Marderhund, Waschbär sind ebenfalls nicht geschützt, aber teilweise dem Jagdrecht unterstellt und werden in den Heintges Arbeitsblättern Haarwild behandelt.

Säugetiere: Fledermäuse

Zwergfledermaus

Merkmale: kleine **fliegende Säugetiere**: verlängerte Unterarm- und Fingerknochen mit dazwischen spannbarer Flughaut (mit Hinterbeinen und Schwanz verwachsen); Beine klein, schwach

Lebensraum/Lebensweise: **reine Dämmerungs- und Nachttiere**, die **Orientierung** bei Dunkelheit im Flug erfolgt **über Ultraschall** (mit dem Gehör); schlafen tagsüber mit dem Kopf nach unten hängend; Tagesquartiere und Wochenstuben (= Tagesquartiere säugender Weibchen) je nach Art verschieden: Baumhöhlen, Nistkästen, Spalten an Gebäuden, Dachstühle, Bretterverschalungen; als Jagdreviere dienen u. a. Wälder, Waldränder, Gewässerufer, Siedlungen, Hecken; Fledermäuse jagen bevorzugt entlang von Grenzlinien (z. B. Hecken, mit Gebüsch bestandene Gewässerufer)

Fortpflanzung: meistens 1 Jungtier pro Jahr (Geburt im Mai/Juni), dieses nackt und blind; hängt in den ersten Tagen nach der Geburt auch im Flug an der Mutter

Nahrung: **fliegende Insekten**, die mit Echopeilung über Ultraschall geortet werden

Winterquartiere: **Winterschlaf in frostfreien Quartieren**: Höhlen, alte Keller, Bergwerkstollen; in den Winterquartieren muss eine hohe Luftfeuchte herrschen; Winterquartiere können zum Teil sehr weit (mehrere 100 km) von den Sommerrevieren entfernt liegen

Wichtige heimische Arten: Großer Abendsegler (tagsüber gerne in Spechthöhlen), Kleiner Abendsegler, Wasserfledermaus, Zwergfledermaus, Braunes Langohr, Große Hufeisennase (insgesamt 23 Arten in Deutschland)
Alle Fledermausarten sind nach der FFH-Richtlinie streng geschützt.

Säugetiere: Insektenfresser

Insektenfresser sind durch sehr spitze kleine Zähne gekennzeichnet, die zum Töten von tierischer Beute dienen. Die Jungen werden nackt und blind geboren. Zur Ordnung der Insektenfresser gehören Igel, Maulwurf und Spitzmäuse.

Igel

Merkmale: Rumpflänge ca. 30 - 35 cm; bis 1.200 g; Beine relativ kurz; Rückenhaare zu Stacheln umgebildet; rollen sich bei Gefahr zusammen
Lebensraum/Lebensweise: Wälder, Waldränder, Hecken, Kulturlandschaft, Siedlungen; überwiegend nachtaktiv, schlafen tagsüber in Gebüsch, Reisighaufen oder unter Wurzelwerk; Winterschlaf über der Erde in Laubhaufen (mit Moos ausgepolstert); durch Verkehr sehr stark gefährdet
Fortpflanzung: erste Paarung meist im März, 2-mal jährlich bis zu 7 Junge
Nahrung: Schnecken, Würmer, bodenlebende Insekten, Mäuse, Eier, Fallobst, Eidechsen, sogar Schlangen

Maulwurf

Merkmale: Rumpflänge ca. 14 cm; kurzer Schwanz; schwarzes (grauschwarzes) samtiges Fell; Vorderfüße zu Grabschaufeln umgebildet
Lebensraum/Lebensweise: überschüssige Erde als „Maulwurfshügel"; gräbt unterirdische Gänge in Wiesen und lichten Wäldern; kein Winterschlaf, sondern Ausweichen in tiefere Bodenschichten
Fortpflanzung: im Frühsommer 4 - 5 Junge in speziellem Nestbau
Nahrung: Würmer, Insektenlarven
Besonderheiten: Maulwurfshaufen sind wichtige Kleinstrukturen auf Wiesen; Maulwurfsgänge durchlüften den Boden; Maulwürfe dürfen nur mit behördlicher Erlaubnis gefangen werden

Spitzmäuse

Merkmale: kleine Säugetiere von max. 8 cm Rumpflänge, Schwanz bis 5 cm; Rücken grau bis grauschwarz, Bauch hell; insgesamt 9 Arten in Deutschland (u. a. Waldspitzmaus, Zwergspitzmaus, Gartenspitzmaus, Wasserspitzmaus)
Lebensraum/Lebensweise: vor allem in Hecken, Rainen und lichten Wäldern; benötigen sehr hohe Insektendichte am Boden, da sie fast ständig fressen müssen; kein Winterschlaf
Fortpflanzung: 2- bis 3-mal im Jahr 2 - 10 Junge
Nahrung: bodenlebende Insekten, Spinnen, Würmer
Besonderheiten: Drüsen an der Schwanzwurzel verströmen Moschusgeruch, daher werden Spitzmäuse von vielen Räubern verschmäht (z. B. Katzen).

Säugetiere: Nagetiere

Bei den Nagetieren sind im Ober- und Unterkiefer je 2 Schneidezähne als Nagezähne ausgebildet, die beständig nachwachsen. Eckzähne fehlen. Die Backenzähne besitzen breite Kauflächen. Nagetiere sind im Wesentlichen Pflanzenfresser. Nagetiere sind die größte Säugetierordnung. In Deutschland kommen insgesamt 30 Arten vor. Davon unterliegt das Alpenmurmeltier dem Jagdrecht, einige Arten sind nicht geschützt (siehe Seite N 9.12). Alle anderen Arten unterliegen dem Naturschutzrecht.

Familie Hörnchen

Europäisches Eichhörnchen

Merkmale: rotbraune bis schwarze Farbe (zahlreiche Farbvarianten), Bauch hell, langer buschiger Schwanz, der beim Klettern und Springen als Steuer und zum Gleichgewicht halten dient
Lebensraum/Lebensweise: baut kugeliges Nest (Kobel), in das sich die Tiere bei Kälte zurückziehen; gewandter Kletterer in Wäldern und Parks; kein Winterschlaf
Fortpflanzung: 2 Würfe pro Jahr mit 2 - 5 Jungen
Nahrung: Baumtriebe, Knospen, Baumsamen, Früchte (Beeren, Nüsse), Pilze, Insekten, auch Vogeleier und Jungvögel (nagt Nistkästen auf), gelegentlich auch Würmer
Besonderheiten: Eichhörnchen legen Vorräte an (vergraben Nüsse und andere Samen) und tragen zu deren Verbreitung bei

Familie Biber

Europäischer Biber

Merkmale: Rumpflänge etwa 80 cm; Schwanz 40 cm lang und 10 - 12 cm breit, fast unbehaart („Biberkelle"); Gewicht bis 30 kg; Schwimmhäute zwischen den Zehen; Nase und Ohren beim Schwimmen verschließbar; Fell einheitlich braun
Lebensraum/Lebensweise: Wasser- und Uferbewohner; in Deutschland vor allem in Ostdeutschland und Bayern wieder weit verbreitet; baut entweder Uferhöhlen mit langen Erdbauten (z. B. an Gräben) oder staut Fließgewässer, um aus Ästen und Pflanzenmaterial Burgen zu errichten (Eingang jeweils unter Wasser); Stautätigkeit auch zum Transport von Nahrung, die für den Winter unter Wasser gelagert wird; nachtaktiv, geschickter Schwimmer und Taucher; hält keinen Winterschlaf
Fortpflanzung: April/Mai 2 - 4 Junge im Bau
Nahrung: Rinde und Triebe von Bäumen und Sträuchern (bevorzugt Weiden und Pappeln, bei geringem Angebot aber auch viele andere Baumarten); fällt Bäume bis 60 cm Stammdurchmesser, um an die Zweige und Rinde der jungen Äste zu gelangen; daneben weitere pflanzliche Nahrung; frisst sehr gerne Mais (auch junge Triebe) und keimendes Getreide
Konflikt um den Biber: Landwirtschaft: (a) Traktoren können über Erdbauten einbrechen und kippen; (b) Fressen von Mais (nicht wildschadenspflichtig!); (c) Wiesen und Äcker werden durch Aufstau von Gewässern unter Wasser gesetzt; Teichwirtschaft: Absenken oder Ablassen von Teichen (kann durch Drahtgitter verhindert werden); die Konflikte werden inzwischen von den Naturschutzbehörden meist gut gelöst; für den Jäger bringt der Biber Vorteile (Förderung der allgemeinen Strukturvielfalt, mehr Lebensraum für Wasserwild); **nach BArtSchV besonders geschützt**

Säugetiere: Nagetiere

Familie Bilche (Schlafmäuse)

Kleine Familie nachtaktiver Nager, gute Kletterer; alle Bilche halten von September/Oktober bis April/Mai Winterschlaf, z. B. in selbstgegrabenen Erdhöhlen (Siebenschläfer) in Baumhöhlen, Nistkästen, Felsspalten, auch in Gebäuden (Name „Schlafmäuse"), aber auch in selbst gebauten kugelförmigen Nestern; in Deutschland 4 Arten; der Baumschläfer ist nur sehr lokal im südlichen Bayern verbreitet.

Siebenschläfer

Merkmale: Rumpflänge etwa 16 cm, Schwanzlänge etwa 12 cm, Oberseite grau, Unterseite hell, lange Schnurrhaare, buschiger Schwanz

Lebensraum/Lebensweise: hauptsächlich in Mittel- und Süddeutschland; Laubwälder, Obstgärten, manchmal Siedlungen; tagsüber in Baumhöhlen, Nistkästen, manchmal sogar Dachböden; Winterschlaf fast 7 Monate (Name)

Fortpflanzung: Juni - August, 3 - 5 nackte blinde Junge in Baumhöhle oder Nistkasten

Nahrung: Früchte (Beeren, Nüsse wie Eicheln oder Bucheckern), Insekten, plündert gelegentlich Vogelnester

Haselmaus

Merkmale: Rumpflänge etwa 6 - 9 cm, Schwanzlänge etwa 5 - 7 cm, braun mit etwas hellerem Bauch; Schwanz kurz und dicht behaart

Lebensraum/Lebensweise: Waldränder, Hecken, Feldgehölze; baut Kugelnester (aus trockenem Gras und Kräutern) in Bodennähe bis 2 m über dem Boden; tagsüber in diesen Nestern

Fortpflanzung: Juni - Juli, 3 - 4 nackte blinde Junge in Kugelnest; manchmal 2. Wurf

Nahrung: Samen, Früchte, Knospen, auch Triebe

Gartenschläfer

Merkmale: Rumpflänge 8 - 13 cm, Schwanzlänge 8 - 9 cm, Gewicht ca. 30 - 60 g, schwarzer Augenstreif bis zu den Ohren, Schwanz buschig behaart

Lebensraum/Lebensweise: Mittel- und Südeuropa (außer Balkan), Laub-, Misch- und Fichtenwälder, bis in die Latschenregion, Obstgärten, auch in Bauernhäusern und Scheunen (Dachböden), tagsüber in hohlen Bäumen, Vogelnestern oder Nistkasten

Fortpflanzung: meist 2 - 5 Junge, diese ca. 3 Wochen lang blind

Nahrung: überwiegend pflanzliche Nahrung (Beeren, Samen, junge Triebe)

Baumschläfer

Merkmale:

Rumpflänge 8 - 13 cm, Schwanzlänge 8 - 9 cm, Gewicht ca. 30 - 60 g, schwarzer Augenstreif bis zu den Ohren, Schwanz buschig behaart

Lebensraum/Lebensweise:

Mittel- und Südeuropa (außer Balkan), Laub-, Misch- und Fichtenwälder, bis in die Latschenregion, Obstgärten, auch in Bauernhäusern und Scheunen (Dachböden), tagsüber in hohlen Bäumen, Vogelnestern oder Nistkästen

Fortpflanzung: meist 2 - 5 Junge, diese ca. 3 Wochen lang blind

Nahrung: überwiegend pflanzliche Nahrung (Beeren, Samen, junge Triebe)

Säugetiere: Nagetiere

nur eine Art in Deutschland vertreten: Feldhamster

Unterfamilie Hamster

Merkmale: Rumpflänge etwa 24 - 32 cm, kurzer Schwanz, 3-farbiger Pelz (rostgelb-weiß-braunschwarz)
Lebensraum/Lebensweise: in Mitteleuropa Kultursteppe; sehr selten, nur noch inselartige Vorkommen; bewohnt lange unterirdische Baue mit mehreren Kammern; wird bis zu 4 Jahre alt
Fortpflanzung: Anfang April 6 - 9 nackte blinde Junge in einem unterirdischen Bau
Nahrung: fast alle landwirtschaftlichen Kulturpflanzen einschließlich ihrer Samen, Gräser, daneben auch in geringem Umfang tierische Nahrung (Insekten)
Kann in seinen Backentaschen sehr große Nahrungsmengen in den Bau eintragen; „hamstert" dort bis zu 15 kg Pflanzenmaterial – vor allem Samen (Getreide) als Wintervorrat.
Nach Anhang IV der FFH-Richtlinie sowie nach Berner Konvention, Anhang II: streng geschützt

Feldmaus

Unterfamilie Wühlmäuse

Zu dieser Unterfamilie gehören z. B.
- Feldmaus: Wiesen und Felder
- Erdmaus: Felder, Wald, Hochmoore
- Rötelmaus: Wald
- Bisamratte: an Gewässern (siehe Heintges Arbeitsblätter Haarwild)
- Schermaus (Große Wühlmaus, Wasserratte): an Gewässern, in Gärten (größte Art)

Merkmale: gedrungener Körper (i.d.R. braun, Schermaus auch schwarz), kurzer behaarter Schwanz (Ausnahme Bisam), kleine Ohren
Lebensraum/Lebensweise: unterschiedliche Lebensräume (s.o.), alle Arten graben unterirdische Gänge
Fortpflanzung: meist mehrmals im Jahr 3 - 12 nackte blinde Junge; zum Teil Massenentwicklung in mehrjährigen Zyklen (vor allem Feldmaus und Erdmaus)
Nahrung: reine Pflanzenfresser (Graswurzeln, Baumwurzeln, Triebe)
Besonderheiten: wichtige Beutetiere für Fuchs, Iltis, Hermelin, Mauswiesel und verschiedene Greifvogel- und Eulenarten (v. a. Mäusebussard, Turmfalke, Schleiereule, Waldohreule); in der Land- und Forstwirtschaft (Feldmaus, Erdmaus, Rötelmaus) und im Obstbau (Schermaus; nagt Baumwurzeln an) wirtschaftlich schädlich
Schutz: mehrere wirtschaftlich schädliche Wühlmausarten sind von der BArtSchV ausgenommen (Feldmaus, Erdmaus, Rötelmaus, Schermaus)

Wanderratte

Familie Langschwanzmäuse

Zu dieser Familie gehören z. B.:
- Hausmaus: urbaner Bereich
- Waldmaus: Felder, Wald
- Brandmaus: gebietsweise häufig in Deutschland
- Gelbhalsmaus: Wald
- Zwergmaus: Hochstaudenfluren und Getreidefelder
- Hausratte: durch die Wanderratte weitgehend verdrängt - Rote Liste
- Wanderratte: größter heimischer Vertreter der Familie, sehr anpassungsfähig, kann gut klettern und auch tauchen

Merkmale: gedrungener Körper, i.d.R. grau oder braun; langer, fast nackter Schwanz, große nackte Ohren
Lebensraum/Lebensweise: unterschiedliche Lebensräume (s.o.)
Fortpflanzung: meist mehrmals im Jahr 3 - 10 nackte blinde Junge
Nahrung: Hausmaus, Gelbhalsmaus und Waldmaus: Fruchtfresser, Samen, Nüsse, Knospen, auch Insekten; Zwergmaus: vor allem Samen; Ratten: Allesfresser (fressen auch Gelege und andere kleine Tiere, z. B. Entenküken)
Schutz: Hausmaus, Haus- und Wanderratte sind von der BArtSchV ausgenommen
Besonderheiten: wichtige Beutetiere für Fuchs, Iltis, Hermelin, Mauswiesel und verschiedene Greifvogel- und Eulenarten (vor allem Mäusebussard, Turmfalke, Schleiereule, Waldohreule)

Heintges Thementest
Geschützte Tiere ohne Vögel

Vögel: Allgemeine Merkmale der Vögel

Die Vögel stammen von den Reptilien ab und sind die nächsten lebenden Verwandten der Dinosaurier. Vögel sind warmblütig (d. h. sie können ihre Körpertemperatur konstant halten) und lassen sich durch folgende Gemeinsamkeiten charakterisieren:

- **Körper mit Federkleid** bedeckt (Großgefieder = Schwung- und Stoßfedern, die für die Flugfähigkeit wichtig sind, Kleingefieder = alle übrigen Federn); Federn werden gemausert (= periodisch gewechselt)
- vordere Extremitäten zu **Flügeln** umgebildet; Arm- und Handknochen langgestreckt (Flügelskelett)
- leichte, marklose **Hohlknochen** (Gewichtsverminderung beim Fliegen)
- **Hornschnabel** ohne Zähne (Gewichtsverminderung beim Fliegen)
- hintere **Körperöffnung als Kloake** (gemeinsamer Ausführgang von Darm, Harnleiter und Geschlechtsorganen)
- **alle Vögel legen Eier**, die sie selbst ausbrüten (Ausnahme: Kuckuck brütet nicht selbst)
- **Hauptsinnesorgan** ist das **Auge**; auch das Gehör ist meist gut ausgeprägt

Weitere Einzelheiten über die Biologie der Vögel und über Ernährungsgruppen finden sich in den Heintges Arbeitsblättern Federwild.

Alle Arten unterliegen dem besonderen Schutz des BNatSchG, die streng geschützten Arten sind in der BArtSchV einzeln aufgeführt. Auf den folgenden Arbeitsblättern werden die wichtigsten Vertreter der nicht dem Jagdrecht unterliegenden Arten beschrieben und abgebildet. Hierbei finden folgende Abkürzungen und Symbole Verwendung (insbesondere in den Abbildungen):

juv	=	Jungvogel (bis zum 1. Winter)
immat	=	unausgefärbter Vogel nach dem 1. Winter
ad	=	erwachsen, Altvogel
♂	=	Zeichen für männlichen Vogel
♀	=	Zeichen für weiblichen Vogel
→	=	besondere Merkmale

Eine Übersicht über die systematische Einteilung der Vogelarten in Ordnungen und Familien findet sich auf den nachfolgenden Arbeitsblättern. Bei der Besprechung wichtiger Arten folgen wir weitgehend dieser Systematik, doch werden fallweise Artengruppen mit ähnlicher Biologie und Lebensweise („Gilden") zusammengefasst.

Bezeichnung der wichtigsten Körperteile

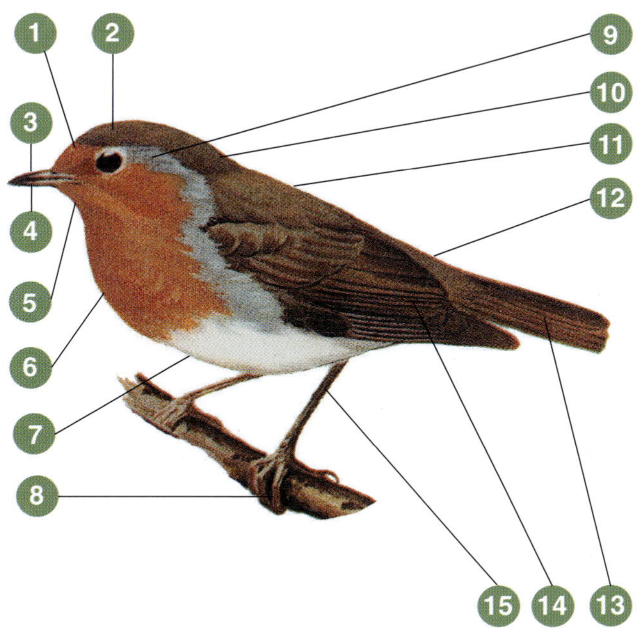

Bei den jagdbaren Vögeln (siehe Heintges Arbeitsblätter Federwild) haben bestimmte Körperteile zum Teil spezielle Bezeichnungen aus der Waidmannssprache.

Bei der Beschreibung der geschützten Vögel wird hauptsächlich auf die allgemein geltenden Körperteilbezeichnungen zurückgegriffen:

1 Stirn
2 Kopf
3 Oberschnabel
4 Unterschnabel
5 Kehle
6 Brust
7 Bauch
8 Zehen
9 Ohr
10 Nacken
11 Rücken
12 Bürzel
13 Schwanz (Stoß)
14 Schwingen
15 Läufe (Ständer)

Als Oberseite bezeichnet man in der Regel Rücken und Schwingen, als Unterseite versteht sich der Brust-Bauchbereich.

Einteilung der geschützten Vögel (1)

Die folgende Übersicht der geschützten Vögel stellt eine Auswahl der bei uns vorkommenden häufigeren Arten dar. Die aufgeführten Merkmale der einzelnen Arten sind nicht aufgeführt, um gelernt zu werden. Die Übersicht bietet aber auch dem Jäger nach bestandener Prüfung eine gute Nachschlagemöglichkeit. Auch die Dauer der Brut in Tagen ist kein Wissensstoff. Besser ist es, z. B. bei den Enten sich zu merken: Kleine Enten (z. B. Krickente, Knäkente) brüten ungefähr 3 Wochen, große Enten (Stockente) ungefähr 4 Wochen, etc.

Das Gleiche gilt für die Anzahl der Eier in einem Gelege. Bis auf die Tauben (fast ausschließlich 2 Eier) oder die Waldschnepfe (in der Regel 4 Eier) schwankt die Anzahl der Eier in den Gelegen (u. a. je nach Autor) erheblich. Beim Waldkauz besteht das Gelege i.d.R. aus 2 bis 4 Eiern; es können aber auch nur 1 Ei oder bis zu 7 Eiern vorhanden sein. Bei der Stockente werden 7 bis 16 Eier angegeben. Erstmalige Bruten und ein 2. Gelege bei Verlust des 1. Geleges weisen deutlich weniger Eier auf als das 1. Gelege. Diese Beispiele zeigen, dass bei Gelegegrößen eine große Variabilität herrscht und Zahlenangaben keine exakte Größe darstellen!

Die Anzahl der Eier einer bestimmten Art ist ebenso wenig eine sinnvolle Prüfungsfrage wie die Frage nach der genauen Brutdauer in Tagen!

Arten, die im Folgenden besprochen werden, sind rot gekennzeichnet; weitere ausgewählte Arten schwarz. Für viele weitere in Deutschland vorkommende Arten, insbesondere bei den Watvögeln und den Singvögeln, muss auf die entsprechende Fachliteratur verwiesen werden.

Ordnung	Familie	Unterfamilie bzw. Gattung	Besonders geschützte Arten (Beispiele) (bei der Auswahl kein Anspruch auf Komplettheit) Ländergesetze und -verordnungen beachten!
Lappentaucher	Lappentaucher		Zwergtaucher
			Schwarzhalstaucher
			Rothalstaucher
Ruderfüßler	Kormorane		Kormoran
Schreit- oder Stelzvögel	Störche		Weißstroch
			Schwarzstorch
	Reiher und Dommeln		Große Rohrdommel
			Silberreiher
			Purpurreiher
Entenvögel	Entenvögel	Gänsevögel	Zwergschwan
			Singschwan
Hühnervögel	Feldhühner		Alpen-Steinhuhn und Rothuhn
Kranichvögel	Kraniche		Grauer Kranich
	Rallen		Grünfüßiges Teichhuhn
			Wasserralle
			Wachtelkönig
			Tüpfelsumpfhuhn
Wat- und Möwenvögel	Austernfischer		Austernfischer
	Regenpfeifer	Kiebitze	Kiebitz
		Echte Regenpfeifer	Flussregenpeifer
			Sandregenpfeifer
			Goldregenpfeifer
	Schnepfenvögel	Schnepfen	Großer Brachvogel
			Uferschnepfe
			Bekassine
		Strandläufer	Alpenstrandläufer
			Knutt
Kuckucksvögel	Kuckucke		Kuckuck

Zu-Wasser Vögeln 2-3 Beispiele wissen.
- Zug Vögel 4

Einteilung der geschützten Vögel (2)

Ordnung	Familie	Unterfamilie bzw. Gattung	Besonders geschützte Arten (Beispiele) (bei der Auswahl kein Anspruch auf Komplettheit) Ländergesetze und -verordnungen beachten!
Eulen	Echte Eulen		Uhu
			Waldohreule
			Sumpfohreule
			Waldkauz
			Steinkauz
			Raufußkauz
			Sperlingskauz
	Schleiereulen		Schleiereule
Nachtschwalben	Nachtschwalben		Ziegenmelker
Segler	Echte Segler		Mauersegler
Rackenvögel	Eisvögel		Eisvogel
	Wiedehopfe		Wiedehopf
Spechtvögel	Echte Spechte		Grünspecht
			Grauspecht
			Schwarzspecht
			Buntspecht
			Kleinspecht
			Mittelspecht
			Dreizehenspecht
Sperlingsvögel	Lerchen		Feldlerche
			Haubenlerche
			Heidelerche
	Schwalben		Rauchschwalbe
			Mehlschwalbe
			Uferschwalbe
	Stelzen und Pieper	Stelzen	Bachstelze
			Gebirgsstelze
			Schafstelze
		Pieper	Baumpieper
	Würger		Raubwürger
			Neuntöter (Rotrückenwürger)
	Seidenschwänze		Seidenschwanz
	Wasseramseln		Wasseramsel
	Zaunkönige		Zaunkönig
	Braunellen		Heckenbraunelle
	Drosseln		Rotkehlchen
			Nachtigall
			Blaukehlchen
			Hausrotschwanz
			Gartenrotschwanz
			Braunkehlchen
		Echte Drosseln	Amsel
			Wacholderdrossel
			Singdrossel
			Misteldrossel
			Rotdrossel
			Ringdrossel
	Grasmücken	Schwirle	Feldschwirl
		Rohrsänger	Sumpfrohrsänger
			Drosselrohrsänger
			Teichrohrsänger
			Schilfrohrsänger

Einteilung der geschützten Vögel (3)

Ordnung	**Familie**	**Unterfamilie bzw. Gattung**	**Besonders geschützte Arten (Beispiele)** (bei der Auswahl kein Anspruch auf Komplettheit) Ländergesetze und -verordnungen beachten!
Sperlingsvögel	Grasmücken	Spötter	Gelbspötter
		Echte Grasmücken	Dorngrasmücke
			Mönchsgrasmücke
			Gartengrasmücke
			Klappergrasmücke
		Laubsänger	Waldlaubsänger
			Fitis
			Zilpzalp
		Goldhähnchen	Wintergoldhähnchen
			Sommergoldhähnchen
	Schnäpper	Echte Schnäpper	Grauschnäpper
			Trauerschnäpper
			Zwergschnäpper
	Meisen		Kohlmeise
			Blaumeise
			Tannenmeise
			Haubenmeise
			Sumpfmeise
			Weidenmeise
	Schwanzmeisen		Schwanzmeise
	Kleiber		Kleiber
	Baumläufer		Waldbaumläufer
			Gartenbaumläufer
	Pirole		Pirol
	Stare		Star
	Sperlinge (Webervögel)		Haussperling
			Feldsperling
	Finken		Buchfink
			Bergfink
			Girlitz
			Grünfink
			Stieglitz
			Erlenzeisig
			Birkenzeisig
			Bluthänfling
			Fichtenkreuzschnabel
			Dompfaff (Gimpel)
			Kernbeißer
	Ammern		Goldammer
			Grauammer
	Rabenvögel		Elster
			Eichelhäher
			Tannenhäher
			Rabenkrähe
			Nebelkrähe
			Dohle
			Alpendohle
			Saatkrähe

Lappentaucher

Die Lappentaucher sind eine sehr kleine Vogelordnung (durchweg Wasservögel), deren Vertreter durch weit hinten am Körper ansetzende Beine (zu Ruderfüßen umgebildet), durch lappenförmige Schwimmhäute an den Zehen (Name!) und durch einen spitzen kräftigen Schnabel gekennzeichnet sind. Die Geschlechter sind gleich gefärbt, doch unterscheiden sich Brut- und Ruhekleid. Alle Lappentaucher leben monogam, die **Küken sind Nestflüchter** und werden von den Eltern in den ersten Lebenstagen getragen. Die Nahrungssuche erfolgt ausschließlich unter Wasser. Der Haubentaucher zählt zum Federwild (vergleiche Heintges Arbeitsblätter Federwild), die anderen 3 in Deutschland brütenden Arten (Zwerg-, Schwarzhals- und Rothalstaucher) fallen unter das Naturschutzrecht.

Zwergtaucher

Merkmale: kleinster Taucher, kleiner als Rebhuhn; kurzhalsig, wirkt gedrungen; im Ruhekleid hellbraun, im Brutkleid Oberseite braunschwarz, rotbrauner Hals, gelber Schnabelwinkel

Lebensraum: kleinere und größere Binnengewässer mit ausgedehntem Röhricht und guter Unterwasservegetation; Stand-, Strich- und Zugvogel

Nistweise: Schwimmnest im Röhricht, 4 - 6 Eier, Brutdauer etwa 21 Tage

Nahrung: Wasserinsekten und deren Larven, kleine Krebse, kleine Fische

Kormoran

Eurasischer Kormoran

Merkmale: gänsegroß, schwarz, Kinn und Wangen beim Altvogel weiß, Schnabel vorne hakenförmig nach unten gebogen, gut entwickelte Ruderfüße mit Schwimmhäuten (zum Tauchen), **Flugbild nahezu kreuzförmig**

Lebensraum: felsige Meeresküsten, große Binnengewässer, Auen von größeren Flüssen, im Winter teilweise auch an kleineren Gewässern; je nach Population Stand-, Strich- und Zugvogel

Nistweise: Baum- oder Felsbrüter **in dichten Kolonien**; beide Eltern brüten und füttern, 3 - 4 Eier; Brutdauer etwa 23 Tage; Jungvögel Nesthocker; Brutbäume sterben durch den ätzenden Kot nach wenigen Jahren ab

Nahrung: **ausschließlich Fische**, die tauchend gejagt werden; Kormorane jagen zu Mehreren in Trupps; nach der Jagd trocknen Kormorane ihr Gefieder auf einer Sitzwarte in charakteristischer Haltung (vgl. Abb. links)

„Kormoranproblematik": Der Kormoran tritt meist in größeren Schwärmen an Gewässern auf. Sowohl die Zunahme der Brutpopulationen in Deutschland als auch die Zunahme der Wintergäste führte in den letzten Jahren zu einer sehr intensiv geführten Diskussion über den wirtschaftlichen Schaden, den der Kormoran in Teichwirtschaften anrichtet und über den Einfluss des Kormorans auf heimische Fischbestände. Als direkte Folge wurden für den Kormoran, der dem Naturschutzrecht unterliegt, über spezielle Verordnungen **(„Kormoranverordnungen")** in fast allen Bundesländern Jagdzeiten festgelegt (bitte aktuelle Verordnungen beachten, die sich jährlich ändern können). Grundsätzlich ist hier zu bemerken, dass dieses Problem jedoch nicht allein über eine Bejagung zu lösen ist. Während in Teichwirtschaften Abschuss- und Vergrämungsmaßnahmen (wirtschaftlichen) Erfolg haben können, stellt sich die Situation vor allem an Fließgewässern differenzierter dar. Hier ist es dringend notwendig, die Gewässer zu renaturieren, damit die Fische entsprechend Verstecke finden. Kormorane jagen in gut ausgebauten begradigten Gewässern am erfolgreichsten, haben als „Tauchjäger" jedoch Probleme, wenn – wie in natürlichen Gewässern – sehr viele Unterwasserhindernisse und Flachwasserzonen vorhanden sind. Eine Bejagung mindert das Problem zwar kurzfristig, stellt aber im Gegensatz zu Gewässerrenaturierungen keine langfristige Strategie dar.

Reiher, Störche und Rohrdommeln

Reiher, Rohrdommeln und Störche werden unter der Ordnung „Schreitvögel“ zusammengefasst und sind durch einen kräftigen, langen Schnabel und durch lange Schreitbeine gekennzeichnet. Der dem Jagdrecht unterliegende Graureiher zählt ebenfalls zu dieser Vogelordnung. Die Jungen der Schreitvögel sind grundsätzlich **Nesthocker**.

Nest auf Schornstein

Weißstorch

Merkmale: Färbung weiß mit schwarzen Schwingen, Schnabel und Ständer rot, **Hals im Flug gerade gestreckt** (Unterschied zu den Reihern)
Lebensraum: Wiesengelände mit möglichst kurzrasigen feuchten Wiesen und Teichgebieten, Flussauen; Kulturfolger; Zugvogel (Winterquartier in Afrika), durch die milden Winter und durch Fütterungen in manchen Gebieten überwintern inzwischen Weißstörche auch bei uns
Nistweise: ursprünglich Baumbrüter, in Deutschland meist auf Gebäuden (z. B. alte Schornsteine, Masten); baut ausladendes Reisignest, 3 - 5 Eier, Brutdauer etwa 35 Tage; monogam, **beide Eltern brüten** und beteiligen sich an der Aufzucht; Nester können sehr eng beisammen liegen (teilweise auf Nachbargebäude)
Nahrung: **Mäuse (und andere Kleinsäuger), Frösche, Insekten** (vor allem große Heuschrecken), Schlangen, Regenwürmer, manchmal auch Fische in seichten Fluttümpeln

Schwarzstorch

Merkmale: Färbung schwarz (mit metallischem Glanz), Bauch weiß; Schnabel und Ständer rot, Hals im Flug gerade gestreckt (Unterschied zu den Reihern)
Lebensraum: ruhige ausgedehnte Wälder mit vielen Gewässern und Feuchtflächen sowie Altholzbeständen; Kulturflüchter; Zugvogel
Nistweise: Baumbrüter; baut ausladendes Reisignest auf alten Bäumen, 3 - 5 Eier, Brutdauer etwa 30 Tage; monogam, beide Eltern beteiligen sich an der Aufzucht
Nahrung: Amphibien, Insekten (vor allem große Heuschrecken), Fische, Schlangen, Regenwürmer, auch Mäuse

Große Rohrdommel

Merkmale: fast graureihergroß, kurzer Hals, Färbung braun mit dunklen Längsstreifen, helle Kehle, Beine grünlich, nimmt bei Gefahr „Pfahlstellung“ ein; brüllender Paarungsruf („Wasserochse“, „Moorochse“)
Lebensraum: Sumpflandschaften mit **ausgedehnten Schilfgebieten** an Gewässern, in Deutschland inzwischen vom Aussterben bedroht; Zugvogel
Nistweise: Bodenbrüter im Röhricht, 4 - 6 Eier, Brutdauer etwa 21 Tage
Nahrung: Mäuse (und andere Kleinsäuger), Frösche, Insekten (vor allem große Heuschrecken), Schlangen, Regenwürmer, manchmal auch Fische in seichten Fluttümpeln

Zwergdommel

Merkmale: kleinster heimischer Reiher, hell mit dunklem Rücken
Lebensraum: ausgedehnte Schilfgebiete an Gewässern, vom Aussterben bedroht
Nistweise: Nest bodennah im Schilf oder Weidengebüsch, 5 - 6 Eier, Brutdauer ca. 19 Tage
Nahrung: kleine Fische, Amphibien, große Insekten

Entenvögel

Die Entenvögel unterliegen mit Ausnahme von Sing- und Zwergschwan dem Jagdrecht (vgl. Heintges Arbeitsblätter Federwild „Allgemeine Merkmale").

Singschwan

Merkmale: Größe wie Höckerschwan; weiß, gelber Schnabel mit schwarzer Spitze; der Zwergschwan ist kleiner mit dunklerem Schnabel

Lebensraum: Wintergast an den Meeresküsten und in den Flussmarschen; Brutvogel an Seen in der Tundra;

Nistweise: Bodenbrüter, mit 4 - 7 Eiern; Brutdauer ca. 35 Tage, Nestflüchter

Nahrung: Wasserpflanzen, Sämereien, Gräser, auch kleine Wassertiere

Kranichverwandte: Kraniche und Rallen

Kraniche, Rallen und Großtrappen sind nahe verwandt. Alle Arten sind Bodenbrüter, die Küken sind immer Nestflüchter. 2 heimische Arten **(Großtrappen, Blässhuhn = Blässralle)** unterliegen dem Jagdrecht (vergleiche Heintges Arbeitsblätter Federwild), alle anderen Arten dem Naturschutzrecht. Die Geschlechter sind bei den Rallen und Kranichen gleich gefärbt, bei den Trappen unterschiedlich.

Kranich

Merkmale: größer als Storch, langbeinig, Körper graublau, Kopf und Hals schwarz mit weißem seitlichen Streifen, roter Scheitel; Hals im Flug gerade gestreckt

Lebensraum: Sumpfgebiete, Verlandungszonen, Bruchwälder, zur Nahrungssuche auch im Kulturland; vor allem in Ostdeutschland; Zugvogel

Nistweise: Bodenbrüter, baut großes Nest aus Schilf und Röhricht, 2 Eier, Brutdauer etwa 30 Tage; monogam, beide Eltern beteiligen sich an der Aufzucht, Nestflüchter

Nahrung: Insekten, Schnecken, Frösche, Mäuse, Samen, Getreide, Beeren, Eicheln

Grünfüßiges Teichhuhn (Teichhuhn, Teichralle)

Merkmale: etwa rebhuhngroß, dunkles Gefieder mit weißem Streifen an den Flügeln, weiße Unterschwanzdecken (vor allem beim Schwimmen gute Unterscheidung zum Blässhuhn) rote Stirnplatte, grüne Beine, rote Augen

Lebensraum: stehende Gewässer mit dichter Ufervegetation; Stand-, Strich- und Zugvogel

Nistweise: Bodenbrüter im Schilf oder Röhricht; 5 - 9 Eier, Brutdauer etwa 3 Wochen, oft 2 Jahresbruten; monogam

Nahrung: Wasserpflanzen, Weichtiere (Wasserschnecken, Muscheln), Wasserinsekten; Nahrungssuche manchmal auch an Land

Rallen

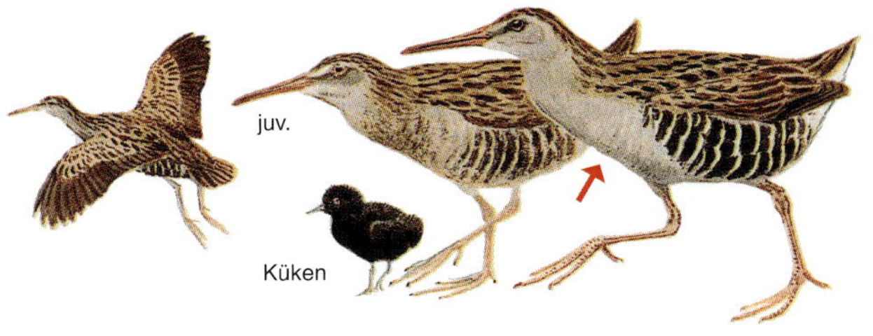

Wasserralle

Merkmale: kleiner als Teichhuhn, Oberseite braun, Brust grau, Flanken schwarzweiß quergebändert; sehr langer Schnabel
Lebensraum: stehende Gewässer mit dichter Ufervegetation; Sumpfgebiete; nachtaktiv; Zug- und Strichvogel
Nistweise: Bodenbrüter im Schilf oder Röhricht; 5 - 11 Eier, Brutdauer etwa 3 Wochen
Nahrung: Würmer, Schnecken (vor allem Wasserschnecken), Wasserinsekten

Wachtelkönig (Wiesenralle)

Merkmale: Größe ähnlich Wasserralle, hellbraun gefärbt mit rostbraunen Flügelpartien; kurzer Schnabel
Lebensraum: Feuchtwiesen und Sumpfwiesen, früher auch in extensiv genutzten Äckern; tag- und nachtaktiv; Zugvogel; im Gegensatz zu den anderen Rallenarten nicht an Gewässer gebunden; der **Wachtelkönig zählt zu den „Wiesenbrütern"**
Nistweise: Bodenbrüter in Bodenmulde; 8 - 11 Eier, nur eine Jahresbrut; Brutdauer etwa 3 Wochen
Nahrung: Insekten, Würmer, Schnecken, Sämereien, grüne Pflanzenteile

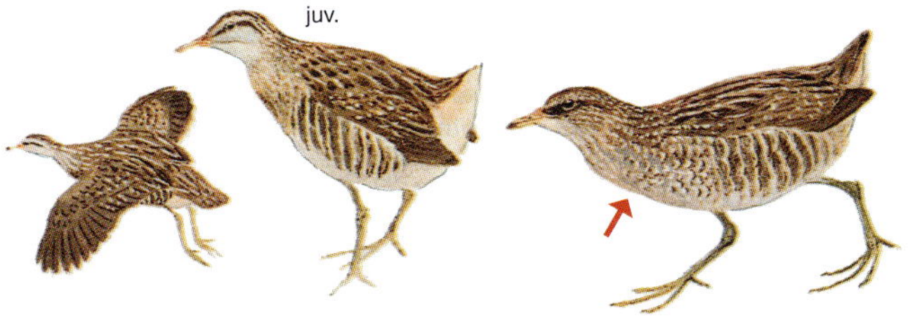

Tüpfelsumpfhuhn

Merkmale: sehr ähnlich dem Wachtelkönig, aber keine rostbraunen Flügelpartien; feine helle Tüpfelung an Brust und Seiten; kurzer Schnabel
Lebensraum: Verlandungszonen von Flüssen und Seen, ausgedehnte Röhrichtgebiete; ebenso wie der Wachtelkönig sehr selten; Zugvogel
Nistweise: Bodenbrüter in dichter Sumpfvegetation; 6 - 8 Eier, oft 2 Jahresbruten; Brutdauer etwa 3 Wochen
Nahrung: Insekten, Schnecken, Würmer, Sämereien, grüne Pflanzenteile

Schnepfenvögel

Die Schnepfenvögel sind eine relativ große Vogelordnung, zu denen u. a. Schnepfen, Brachvögel, Strandläufer, Regenpfeifer, Kiebitze und Austernfischer zählen. Sie werden oft auch als „Limikolen" bezeichnet. Schnepfenvögel sind meist durch lange Beine und **lange Schnäbel** zur Nahrungssuche im Schlick, Schlamm, Flachwasser und Boden gekennzeichnet. Die Größe schwankt zwischen Sperlingsgröße (Regenpfeifer) und nahezu Krähengröße (Brachvogel). Alle Schnepfenvögel sind **Bodenbrüter**, die mit wenigen Ausnahmen in saisonaler Einehe leben. Das Gelege umfasst sehr oft 4 Eier, die **Küken sind immer Nestflüchter**. Die Brutdauer beträgt bei kleineren Arten knapp 3 Wochen, bei großen Arten fast 4 Wochen. Es gibt in der Regel nur 1 Jahresbrut. Die heimischen Arten sind in der Regel Zug- oder Strichvögel.

Nur die Waldschnepfe unterliegt dem Jagdrecht (siehe Heintges Arbeitsblätter Federwild), alle anderen Arten dem Naturschutzrecht.

Im Folgenden werden ausgewählte Arten in 2 Gruppen zusammengefasst, die sich hinsichtlich bestimmter Ansprüche zusammenfassen lassen: „Wiesenbrüter" und „ausgewählte Arten an der Küste".

Schnepfenvögel: „Wiesenbrüter"

Unter dem Begriff **„Wiesenbrüter"** werden Arten zusammengefasst, die im Binnenland (vor allem in Flussauen) und an der Küste in ausgedehnten Feuchtwiesen und Überschwemmungswiesen brüten. Ihr Bruterfolg in bewirtschafteten Wiesen ist von später Mahd abhängig (Ausmähen von Gelege und Brut bei früher Mahd). Weiterhin brauchen sie hohe Insekten- und/oder Regenwurmdichten, feuchte Böden und geringe Halmdichte (fördert Überleben der Jungvögel). Zu den Wiesenbrütern zählen **Großer Brachvogel, Uferschnepfe, Rotschenkel, Kiebitz und Bekassine**. Dazu kommt der **Wachtelkönig**, der zu den Rallen zählt (siehe Seite N 10.8). Zur Förderung der Wiesenbrüter gibt es in einigen Bundesländern spezielle Programme zur angepassten landwirtschaftlichen Nutzung der Brutgebiete. Ohne **intensive Prädatorenbejagung** ist jede lebensraumverbessernde Maßnahme nur von geringer Wirkung!

Großer Brachvogel

Merkmale: fast krähengroß mit hohen Beinen; Oberseite bräunlich, Unterseite heller, gesprenkelt, weißer Bürzel; langer gebogener Schnabel
Lebensraum: weite Feuchtwiesen, Heideflächen, offene Hoch- und Niedermoore, Verlandungszonen; zur Zugzeit oft in großen Schwärmen im Wattenmeer; Zugvogel
Nistweise: Bodenbrüter mit gut getarntem Nest
Nahrung: Würmer, Insekten, Schnecken, Beeren, Pflanzenteile

Uferschnepfe

Merkmale: kleiner als Brachvogel; im Brutkleid Kopf, Hals, Brust rötlichbraun, Bauch und Flanken quergebändert; Ruhekleid graubraun; weißer Flügelstreif; langer gerader Schnabel
Lebensraum: Feuchtwiesen, offene Hoch- und Niedermoore; zur Zugzeit oft in großen Schwärmen im Wattenmeer; Zugvogel
Nistweise: Bodenbrüter mit gut getarntem Nest
Nahrung: Würmer, Insekten, Schnecken, Beeren, Pflanzenteile

Kiebitz

Merkmale: taubengroß; Rücken und Brust schwarzgrün, Bauch weiß; Kopf mit typischem langen Federschopf; Schwingen breit und rund; kurzer Schnabel
Lebensraum: Feuchtwiesen, Weiden, offene Hoch- und Niedermoorbereiche; Zugvogel; **kehrt sehr früh im Jahr zurück**
Nistweise: Bodenbrüter, gut getarntes Nest, „Wiesenbrüter", Nestflüchter
Nahrung: Würmer, Insekten, auch Samen

Bekassine („Himmelsziege")

Merkmale: drosselgroß; langer gerader Schnabel; Oberseite dunkelbraun mit Längsstreifung; **Längsstreifung am Kopf** (Unterschied zur Waldschnepfe); nach Auffliegen mit typischem Zickzackflug; im Sturzflug erzeugen abgespreizte Schwanzfedern vibrierenden Ton („Himmelsziege")
Lebensraum: Feuchtwiesen, offene Hoch- und Niedermoore, großräumige kurzrasige Verlandungszonen; Zugvogel
Nistweise: Bodenbrüter mit gut getarntem Nest
Nahrung: Würmer, Insekten, Schnecken

Schnepfenvögel: „Ausgewählte Küstenarten“

Austernfischer
Merkmale: fast krähengroß; schwarzweiß; Schnabel und Füße rot
Lebensraum: Küstenbereich (brütet vor allem auf Salzwiesen), Mündungsgebiete größerer Flüsse, vereinzelt im Binnenland auf Wiesen und Weiden; außerhalb der Brutzeit in großen Scharen; Strich- und Zugvogel
Nistweise: Bodenbrüter in flacher Bodenmulde
Nahrung: Muscheln, Schnecken, Würmer

Goldregenpfeifer
Merkmale: größer als Amsel, Ruhekleid hell, Brutkleid Oberseite goldgelb mit dunklen Sprenkeln, Brust und Kehle schwarz, Flanken weiß; kurzer Schnabel
Lebensraum: brütet in Tundra und Moorgebieten; in Deutschland extrem selten; Zugvogel, im Winter vor allem an der Küste, im Binnenland auf Weiden, tritt zur Zugzeit in großen Scharen auf
Nistweise: Bodenbrüter in flacher Bodenmulde
Nahrung: Insekten, Kleinkrebse, Würmer, Schnecken

Alpenstrandläufer
Merkmale: etwa Amselgröße, Ruhekleid graubraun mit hellem Bauch, Brutkleid Oberseite rotbraun mit dunklen Sprenkeln, Bauch schwarz, Brust hell; mittellanger Schnabel
Lebensraum: brütet in Tundra und auf Salzwiesen; in Deutschland extrem selten; Zugvogel, zur Zugzeit in großen Scharen am Wattenmeer
Nistweise: Bodenbrüter in flacher Bodenmulde
Nahrung: Insekten, Kleinkrebse, Würmer, Schnecken

Knutt
Merkmale: deutlich größer als Alpenstrandläufer, Ruhekleid graubraun mit hellem Bauch, Brutkleid Bauch rotbraun, Oberseite dunkel gesprenkelt
Lebensraum: brütet in nordischer Tundra; in Deutschland als häufiger Zugvogel in großen Scharen am Wattenmeer
Nistweise: Bodenbrüter in flacher Bodenmulde
Nahrung: Insekten, Kleinkrebse, Würmer, Schnecken

Flussregenpfeifer
kein typischer Küstenvogel, sondern ist auch im Binnenland verhältnismäßig weit verbreitet; 2 verwandte Arten (Sand-, Seeregenpfeifer) treten ausschließlich an der Küste auf
Merkmale: sperlingsgroß, Oberseite graubraun, Unterseite weiß, dunkles Kopf- und Brustband, gelber Augenring
Lebensraum: kiesige Flussufer, Sand- und Lehmgruben, sandige und kiesige Ufer an Küsten; Zugvogel
Nistweise: Bodenbrüter in flacher Bodenmulde zwischen Kies
Nahrung: Insekten, Kleinkrebse, Würmer, Schnecken

Eulen - Allgemeine Merkmale

Alle Eulen sind Beutegreifer.

Typische Merkmale sind der scharf abgebogene Hakenschnabel, der zum Zerreißen der Beute dient, und der kräftige Fuß, der durch eine Wendezehe (A) gekennzeichnet ist. Letztere ermöglicht ein sicheres Greifen der Beute auch bei Dunkelheit. Eulen sind Grifftöter.

Eulen sind Nachtjäger (Ausnahme: Sumpfohreule), die eine Reihe von Anpassungen an die Aktivität bei Dunkelheit besitzen:

- Eulen besitzen ein sehr gutes Gehör
- der **starre Federkranz im Gesicht („Schleier“)**, der das typische Aussehen verleiht, dient als Schalltrichter
- die Orientierung beim Flug erfolgt auch akustisch
- nach vorne gerichtete Augen ermöglichen binokulares Sehen
- speziell gebaute Augen mit gestreckten Augäpfeln (andere Vögel und Säuger: runde Augäpfel), die nicht gedreht werden können; dies verbessert die Sehfähigkeit im Dunkeln
- als Kompensation für die fehlende Augenbeweglichkeit können **Eulen den Kopf um bis zu 270°** wenden
- Tastborsten in Schnabelnähe ermöglichen ein Ertasten geschlagener Beute im Dunkeln
- Eulen besitzen ein sehr **„weiches Gefieder“** (unverhakte Enden an den Einzelstrahlen der Schwungfedern), das einen fast geräuschlosen Flug ermöglicht.

Eulen ernähren sich überwiegend von kleinen Wirbeltieren, einige Arten fressen auch Insekten. Unverdauliche Nahrungsreste wie Haare, Federn, Knochen etc. werden (wie bei Greifvögeln) als Gewölle wieder ausgewürgt. Durch ihre schwache Magensäure (fehlende Salzsäure) werden keine Knochen verdaut. Eulengewölle enthalten deshalb **alle wesentlichen Knochenteile der Beute**, insbesondere Schädel, Arm-, Beinknochen. (Gegensatz: Greifvogelgewölle ohne wesentliche Knochenteile).

Alle Eulen leben **monogam**, beide Elternteile beteiligen sich an der Aufzucht. Die Größe der Gelege schwankt bei allen Arten mit dem jeweiligen Nahrungsangebot. Das Weibchen beginnt sofort nach dem Legen des ersten Eies mit dem Brüten; dadurch schlüpfen die Jungen zeitversetzt. Die Brutdauer pro Ei beträgt 28 - 30 Tage (beim Uhu 33 - 35 Tage). Die **Küken sind beim Schlüpfen blind und bedunt** (nur Dunengefieder) und typische **Nesthocker**. Beim Verlassen des Nestes sind die Jungen einer Brut in der Regel unterschiedlich weit entwickelt. Junge Eulen bleiben die ersten Tage nach Verlassen des Nestes als **Ästlinge** in einer Gruppe zusammen (werden von den Eltern noch längere Zeit gefüttert).

Die meisten Eulenarten sind **Standvögel**, nur Sumpfohreule und Waldohreule (teilweise) sind Zugvögel.

Nach der Nistweise lassen sich die Eulen in 3 Gruppen einteilen:

- **Käuze als Höhlenbrüter**
  (Waldkauz, Steinkauz, Raufußkauz, Sperlingskauz)
- **Echte Eulen als Freibrüter**
  (Uhu, Waldohreule, Sumpfohreule)
- **Schleiereule in geräumigen Hohlräumen**
  (z. B. Kirchtürme, Scheunen, Dachböden)

Sperlingskauz

Eulen

Waldkauz

Merkmale: größer als Taube, gedrungener Körper; großer runder Kopf, **dunkle Augen**; 2 Farbvarianten: graubraun oder rostbraun (rindenfarbig), Unterseite meist heller
Lebensraum: Nadel-, Misch- und Laubwälder, auch in Parks;
Nistweise: Höhlenbrüter in großen Baumhöhlen; (1-) 2 - 4 (-6) Eier
Nahrung: kleine Wirbeltiere (Mäuse und andere Kleinsäuger, Frösche, Vögel) bis 300 g Gewicht

Raufußkauz

Merkmale: hähergroß, gedrungener Körper; Oberseite dunkelbraun mit hellen Flecken, Unterseite hell; befiederte Fänge; gelbe Augen
Lebensraum: ausgedehnte Wälder der Mittelgebirge mit Dickungen und Lichtungen
Nistweise: **Höhlenbrüter in alten Schwarzspechthöhlen**; 4 - 6 Eier
Nahrung: vor allem Kleinsäuger (Mäuse), auch Kleinvögel

Steinkauz

Merkmale: hähergroß, gedrungener Körper; sehr ähnlich dem Raufußkauz: Oberseite dunkelbraun mit hellen Flecken, Unterseite hell; befiederte Fänge; flacher Kopf mit typischen „Augenwülsten"; gelbe Augen
Lebensraum: offenes Gelände mit alten Bäumen (vor allem Streuobstwiesen), Kulturlandschaft, Waldränder; inzwischen sehr selten
Nistweise: Höhlenbrüter in Baumhöhlen, bevorzugt ausgefaulte Kopfweiden oder Obstbäume; 3 - 5 Eier
Nahrung: Großinsekten, Mäuse, Kleinvögel, auch Regenwürmer und Amphibien

Sperlingskauz

Merkmale: sperlingsgroß, kleinste Eule Europas; Oberseite dunkelbraun mit kleinen weißen Tropfflecken, nur schwacher Gesichtsschleier; gelbe Augen
Lebensraum: ausgedehnte Nadel- und Mischwälder der Mittelgebirge; in Altholzbeständen
Nistweise: **Höhlenbrüter in alten Spechthöhlen**; 4 - 6 Eier
Nahrung: Kleinvögel und Mäuse; **tag-, dämmerungs- und nachtaktiv**

Eulen

Uhu

Merkmale: größte heimische Eule (zweimal so groß wie Waldohreule); Oberseite braun mit dunklen Flecken, Brust mit dunklen Längsstreifen; auffallende „Federohren", gelbe Augen

Lebensraum: reich strukturierte Landschaft mit Felsbereichen, Feld, Wiesen und Wald

Nistweise: brütet auf Felsvorsprüngen oder am Boden; 2 - 4 Eier

Nahrung: Säugetiere von Feldmausgröße bis Jungfuchs und Rehkitz; Vögel bis Habichtgröße und Graureiher (aber auch Kleinvögel), auch andere Eulen und Greifvögel; in manchen Gegenden machen tote Igel (Straßentod) einen wesentlichen Teil der Beute aus

Waldohreule

Merkmale: taubengroß, schlanker Körper; braun mit dunklen Flecken und Streifen; **auffallende Federohren**, gelbe Augen

Lebensraum: lichte Wälder mit genügend Deckung und lichten Flächen; Kulturlandschaft mit Feldgehölzen

Nistweise: Baumbrüter in verlassenen Greifvogel- oder Krähenhorsten, auch in alten Elsternnestern; 4 - 7 Eier

Nahrung: hauptsächlich Mäuse (90 %), selten Kleinvögel

Sumpfohreule

Merkmale: taubengroß, schlanker Körper; braun mit dunklen Flecken und Streifen; **kaum sichtbare Federohren**; gelbe Augen

Lebensraum: offene Landschaft mit feuchten sumpfigen Niederungen und Mooren; Kulturflüchter, in Deutschland inzwischen sehr selten

Nistweise: **Bodenbrüter**; baut als einzige Eule eigenes Nest; 4 - 7 Eier

Nahrung: fast ausschließlich Mäuse, selten Kleinvögel; **jagt am Tag** bis in die Dämmerung

dunkle Form

helle Form

Schleiereule

Merkmale: taubengroß; Oberseite goldbraun; herzförmiger weißer Schleier; Augen fast schwarz

Lebensraum: Kulturfolger in menschlichen Siedlungen und angrenzendem Offenland

Nistweise: Höhlenbrüter in großen Freiräumen (Kirchtürme, Scheunen, Dachböden); 4 - 7 Eier

Nahrung: überwiegend Mäuse, aber auch andere Kleinsäuger

Kuckucke, Nachtschwalben, Eisvögel, Hopfe

Kuckuck

Merkmale: hähergroß; Geschlechter gleich gefärbt, aber 2 Farbvarianten: Oberseite blaugrau oder rotbraun; Unterseite quergestreift; langer Stoß, lange spitze Flügel; kräftiger langer Schnabel; Flugbild sperberähnlich, aber **fliegt mit ständigem Flügelschlag ohne Gleitflug**

Lebensraum/Lebensweise: Laub- und Mischwälder, offenes Gelände mit Baumgruppen; Zugvogel, der erst sehr spät zurückkehrt (Ende April / Anfang Mai); typischer Ruf

Nistweise: **Brutschmarotzer**: 15 - 20 Eier werden einzeln in die Nester anderer Vögel gelegt (fast immer Singvögel, von Zaunkönig- bis Starengröße); Brutdauer 12 Tage; Nesthocker

Nahrung: Insekten aller Art, auch stark behaarte Raupen, die andere Vögel verschmähen

Ziegenmelker (Nachtschwalbe)

Merkmale: amselgroß; rindenfarbig mit langem Stoß; Flugbild falkenähnlich

Lebensraum/Lebensweise: Heideflächen und Randbereiche von Mooren mit lichtem Baumbestand, lichte Wälder; in Deutschland vor allem in lichten Kiefernwäldern; tagsüber bewegungslos am Boden oder auf einem Ast; dämmerungs- und nachtaktiv; Zugvogel

Nistweise: Bodenbrüter, kein ausgeprägtes Nestbauverhalten; 2 Eier, Brutzeit etwa 18 Tage; Nesthocker

Nahrung: nachtaktive Insekten (vor allem Nachtfalter), die im Flug gefangen werden

Eisvogel

Merkmale: größer als Sperling; Oberseite blaugrün oder türkis schillernd, Unterseite rostrot, roter Augstreif; auffallend langer Schnabel und kurzer Schwanz

Lebensraum/Lebensweise: klare saubere Gewässer mit Steilufern und gutem Kleinfischbestand; Standvogel

Nistweise: **Höhlenbrüter in selbstgegrabenen Erdhöhlen** (vor allem an Steilufern von Gewässern); 5 - 12 Eier, Brutdauer etwa 3 Wochen; 2 Jahresbruten möglich (selten auch mehr); auch Schachtelbruten mit Überschneidungen von einigen Tagen kommen vor; Nesthocker

Nahrung: kleine Fische, selten Wasserinsekten; rüttelt über dem Wasser oder jagt vom Ansitz aus; Stoßtaucher

Wiedehopf

Merkmale: größer als Amsel; Flügel, Rücken und Stoß schwarzweiß, Unterseite und Kopf braun, auffallende aufrichtbare Federhaube, langer gebogener Schnabel

Lebensraum/Lebensweise: feuchte Wiesen und Viehweiden mit Baumgruppen; nur in warmen Gegenden, in Deutschland sehr selten; Zugvogel

Nistweise: Höhlenbrüter in Bäumen (z. B. alte Kopfweiden, Obstbäume, auch in speziellen Nistkästen); 6 - 8 Eier, Brutzeit etwa 16 Tage; Nesthocker

Nahrung: große Insekten und deren Larven (z. B. Käfer und Engerlinge), sucht diese stochernd (langer Schnabel) auch im Kot von Weidetieren

Spechte

Alle Spechte sind Höhlenbrüter und zimmern ihre Bruthöhlen in Bäumen selbst. Die Nahrung wird in der Regel kletternd an und in den Stämmen stehender Bäume gesucht, daneben auch am Boden (vor allem Grün- und Grauspecht). **Spezifische Anpassungen** an diese Lebensweise sind **Kletterfuß** und **Stützschwanz** (zum Klettern), **Meißelschnabel** und **starke Schädelkapsel** (zum Zimmern in Bäumen: Höhlenbau, Nahrungssuche) sowie die lange **klebrige Schleuderzunge** (um Insekten in geschlagenen Löchern in Stämmen zu erreichen). Typisch für die Spechte ist ihr **wellenförmiger Flug**.

Alle Spechte leben paarweise, beide Eltern beteiligen sich an der Brut und Aufzucht. Die Brutdauer liegt bei etwa 2 Wochen, es gibt nur 1 Jahresbrut mit meist 4 - 6 Eiern. Die Jungvögel sind Nesthocker. Alle Echten Spechte sind **Standvögel**.

Spechte sind Schlüsselarten im Wald, da sie Lebensraum für weitere Höhlenbewohner bereitstellen: dazu gehören höhlenbrütende Singvögel (Meisenarten, Kleiber, Gartenrotschwanz, Trauerschnäpper, Star), Hohltaube und Raufußkauz (in Schwarzspechthöhlen), höhlenbewohnende Fledermäuse (Großer und Kleiner Abendsegler, Wasserfledermaus), Bilche (Siebenschläfer, Gartenschläfer) sowie die Hornissen. Durch das Belassen von Totholz und den Erhalt von Bäumen mit Nisthöhlen lassen sich Spechte und ihre „Nachmieter" fördern.

Grünspecht

Merkmale: Größe etwa wie Eichelhäher, Oberseite olivgrün, Bürzelansatz gelb, Unterseite dunkel gefleckt, Kopfoberseite rot, schwarzer Backenstreif (beim Männchen mit roten Federn durchsetzt)

Lebensraum: Laub- und Mischwälder, Parks, Obstgärten (mit hoher Ameisendichte)

Nahrung: Ameisen und deren Larven und Puppen, die auch am Boden gesucht werden (durchwühlt Ameisenhaufen), andere Insekten, Beeren, Sämereien

Grauspecht

Merkmale: etwas kleiner als Grünspecht, Färbung ähnlich, aber Backenstreif nur angedeutet; Weibchen ohne rote Kopfoberseite

Lebensraum: Laub- und Mischwälder, Parks, Obstgärten (mit hoher Ameisendichte)

Nahrung: Ameisen und deren Larven und Puppen, die auch am Boden gesucht werden (durchwühlt Ameisenhaufen), andere Insekten, Beeren, Sämereien

Spechte

Schwarzspecht

Merkmale: **größter heimischer Specht** (nahezu Krähengröße), schwarz, Männchen mit rotem Scheitel, Weibchen mit rotem Hinterkopf

Lebensraum: ausgedehnte altholzreiche Laub-, Misch- und Nadelwälder; **Höhlen** werden fast ausschließlich in alten, möglichst astfreien **Buchen oder Kiefern** („Spiegelkiefern") angelegt

Nahrung: holzbewohnende Insekten und deren Larven und Puppen, Ameisen und deren Puppen (schlägt große Löcher in Waldameisenhügel)

Buntspecht

Merkmale: starengroß, Oberseite schwarzweiß, Unterseite weiß, roter Bürzel; Männchen mit rotem Hinterkopf

Lebensraum: Laub-, Misch- und Nadelwälder, Parks, Obstgärten

Nahrung: holzbewohnende Insekten und deren Larven und Puppen, Sämereien, Nüsse, Zapfen (werden in „Spechtschmieden" eingeklemmt), plündert gelegentlich Vogelnester (vor allem in Höhlen)

Kleinspecht

Merkmale: meisengroß, Oberseite schwarzweiß gestreift, Unterseite weiß; Männchen mit rotem Scheitel

Lebensraum: lichte Laub- und Mischwälder, Auwälder, Parks, Obstgärten

Nahrung: holzbewohnende Insekten und deren Larven und Puppen, Sämereien; sammelt gelegentlich auch Insekten von Blättern ab (z. B. Blattläuse)

Wendehals

Der Wendehals gehört ebenfalls zu den Spechten, doch **zimmert er keine eigenen Bruthöhlen**. Wendehälse nutzen alte Spechthöhlen und können durch Nistkästen gefördert werden. Im Gegensatz zu den Echten Spechten ist der Wendehals ein **Zugvogel**; verdreht häufig den Kopf (Name!).

Merkmale: kleiner als eine Amsel, Oberseite rindenfarbig mit dunklem Augenstreif; kurzer Schnabel

Lebensraum: lichte Laubwälder und Randbereiche, Obstgärten, Feldgehölze; Charaktervogel von Streuobstbeständen

Nahrung: fast ausschließlich Ameisen und deren Larven und Puppen, die er am Boden sucht (durchwühlt Ameisenhaufen)

Singvögel

Singvögel sind eine Unterordnung der Ordnung Sperlingsvögel, die weltweit etwa 4.000 Arten (= knapp 50 % aller bekannten Vogelarten) umfassen. Ihr Hauptmerkmal ist der spezifische Bau des Kehlkopfes: am unteren Ende der Luftröhre an der Gabelung der Bronchien befindet sich ein Stimmorgan, der **Syrinx**, der von 4 - 7 Singmuskeln umgeben ist, die der Lauterzeugung dienen. Dieser Stimmapparat befähigt sie zu den sehr differenzierten Lautäußerungen, die im Volksmund „Vogelgesang" genannt werden. Alle Singvögel brüten in selbstgebauten Nestern. Bei den europäischen Arten beteiligen sich beide Eltern am Brutgeschäft und an der Aufzucht der Jungvögel. Die Jungvögel sind immer Nesthocker. Bei der folgenden Darstellung der im Bundesgebiet typischen Singvogelarten werden vor allem ökologische Gruppen zusammengefasst, so dass nicht immer korrekt der zoologischen Systematik gefolgt wird. Diese findet sich auf den Seiten N 10.2 bis N 10.4.

Segler

Mauersegler

Segler bilden eine eigene Ordnung; sie sind schwalbenähnlich aber nicht näher mit diesen verwandt; aufgrund ihrer sehr ähnlichen Lebensweise und ihres ähnlichen Aussehens werden sie hier zusammen mit den Schwalben behandelt. Verbringen den größten Teil ihres Lebens in der Luft, mit Ausnahme der Brutzeit. In Mitteleuropa nur **eine Art**:

Mauersegler
Merkmale: schwalbenähnlich, lange, sichelförmige Flügel, Segler mit sehr tief gespaltenem Rachen und verkümmerten Beinen (können nicht vom Boden starten); Geschlechter gleichgefärbt
Lebensraum: Kulturlandschaft mit Siedlungen
Fortpflanzung: Höhlenbrüter (Mauerspalten an Gebäuden, unter Dachrinnen), 1 Brut mit 2 Eiern; Brutdauer knapp 3 Wochen

Schwalben

Rauchschwalbe

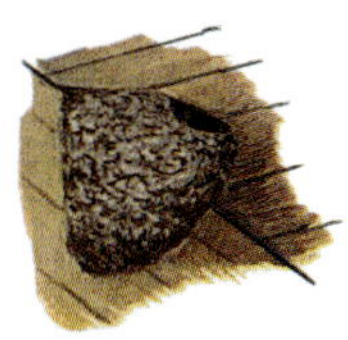

Mehlschwalbe

Uferschwalbe

Schwalben zählen zu den Singvögeln.
Merkmale: lange Flügel; Schwanz teilweise mit verlängerten Außenfedern; Geschlechter gleichgefärbt
Lebensraum: Mehl- und Rauchschwalbe Kulturlandschaft mit Siedlungen; Uferschwalbe an Steilufer von Flüssen, in Sand- und Kiesgruben
Fortpflanzung: Uferschwalbe gräbt Höhlen in Steilufer, Mehlschwalbe baut Lehmnester unter geschützten Vorsprüngen (Hausdächer), Rauchschwalbe in Gebäuden oder unter breiten Nischen, Schwalben mit 2 Jahresbruten mit 4 – 6 Eiern, Schwalben sind meist Koloniebrüter
Nahrung: Insekten, die ausschließlich während des Fluges gefangen werden
Zugverhalten: alle Arten sind Zugvögel, die im tropischen Afrika überwintern und sehr spät (Ende April / Anfang Mai) zurückkehren, Mauersegler ziehen bereits Ende Juli / Anfang August wieder in den Süden

Lerchen

Feldlerche

Haubenlerche

Merkmale: kleine braun gefärbte Singvögel mit kräftigen, aber spitzen Schnabel; charakteristisch sind die Singflüge; die Feldlerche wird oft vom Vorstehhund angezeigt (bei VJP teilweise als Alternative zu Hühnervögeln oder Hasen)
Lebensraum: Feld- und Wiesengelände; offene Landschaften
Fortpflanzung: Bodenbrüter; 3 - 5 Eier, meist 2 Jahresbruten; Brutdauer etwa 2 Wochen
Zugverhalten: Teilzieher, die in milderen Gegenden den Winter über im Gebiet verbleiben
Nahrung: Insekten, Spinnen, auch Sämereien und grüne Pflanzenteile; Nahrungssuche nur am Boden

Stelzen

Bachstelze

Gebirgsstelze

Merkmale: kleine Singvögel mit spitzem pinzettenartigen Schnabel und sehr langem Schwanz
Lebensraum: offene Landschaften, Gebirgsstelze vor allem an Gewässerufern
Fortpflanzung: Halbhöhlenbrüter in Bodennähe; 4 - 6 Eier, meist 2 Jahresbruten; Brutdauer etwa 2 Wochen
Zugverhalten: alle Arten Zugvögel; die **Bachstelze kehrt sehr früh im Jahr zurück**
Nahrung: Spinnen und Insekten, die am Boden oder selten im „Flatterflug“ gefangen werden

Schafstelze

Würger

Neuntöter (= Rotrückiger Würger)

Raubwürger

Merkmale: mittelgroße Singvögel mit gebogenem Hakenschnabel (zum Töten von Beute)
Lebensraum: offene Landschaften mit hoher Dichte an Hecken und Büschen; **Neuntöter: Charaktervogel von Heckenlandschaften**
Fortpflanzung: Buschbrüter, Raubwürger auch in höheren Bäumen, 5 - 7 Eier, 1 Jahresbrut; Brutdauer 2 Wochen
Zugverhalten: Neuntöter Zugvogel, Raubwürger Standvogel und Teilzieher
Nahrung: Käfer, andere größere Insekten, Jungvögel, Jungmäuse, kleine Eidechsen; der Raubwürger jagt durchschnittlich größere Beute; die **Beute wird regelmäßig auf Dornen aufgespießt** oder in Astgabeln geklemmt (Vorratshaltung)

Meisen und Schwanzmeisen

Merkmale: kleine Singvögel mit spitzem pinzettenartigen Schnabel, Männchen und Weibchen gleich gefärbt; Schwanzmeisen mit überproportional langem Schwanz

Lebensraum: Wälder aller Art, Parks, Kohl- und Blaumeise oft in Gärten; **Tannenmeise und Haubenmeise als Charaktervögel von Nadelwäldern, Sumpfmeise als Charaktervogel von Laubwäldern**

Fortpflanzung: Höhlenbrüter; zwischen 6 und 10 Eier (bei Kohl- und Blaumeise bis zu 16); meist 2 Jahresbruten; Brutdauer etwa 2 Wochen; lassen sich mit Nistkästen fördern; Schwanzmeise mit eiförmigem höhlenartigen Nest aus Moosen in Büschen und Bäumen; alle Höhlenbrüter lassen sich durch Nistkästen fördern

Zugverhalten: alle Arten Standvögel

Nahrung: Insekten und Spinnen, die an Zweigen, auf Blättern und zwischen Rinde gesucht werden; im Winter als Alternative auch ölhaltige Samen (z. B. Koniferensamen)

Kohlmeise

Blaumeise

Tannenmeise

Haubenmeise

Sumpfmeise

Schwanzmeise

Kleiber und Baumläufer

Kleiber

Waldbaumläufer

Merkmale: Kleiber oberseits blaugrau, unterseits rotbraun, kurzer Schwanz (der nicht beim Klettern unterstützt); **Kleiber kann stammabwärts klettern**; **Baumläufer** oberseits braun, unterseits weiß, mit langem gebogenen Schnabel, **klettert ausschließlich stammaufwärts**; hat wie die Spechte einen Stützschwanz; Männchen und Weibchen gleich gefärbt
Lebensraum: Laub-, Misch- und Nadelwälder, Parks
Fortpflanzung: Kleiber = Höhlenbrüter; zu große Höhleneingänge werden mit Lehm verklebt (Name!); Baumläufer als Höhlenbrüter hinter Rindenspalten oder anderen Hohlräumen; 5 - 8 Eier; meist nur 1 Jahresbrut; Brutdauer etwa 2 Wochen
Zugverhalten: Standvögel
Nahrung: Insekten und Spinnen, die beim Klettern am Stamm zwischen Rinde gesucht werden; Kleiber im Winter als Alternative auch ölhaltige Samen (z. B. Koniferensamen)

Goldhähnchen und Zaunkönig

Wintergoldhähnchen

Sommergoldhähnchen

Merkmale: Goldhähnchen und Zaunkönige sind die kleinsten Singvögel in Deutschland (ca. 9 cm); Goldhähnchen oberseits olivgrün, Unterseite hell, mit Augenstreif; Zaunkönig mit brauner Grundfarbe, Schwanz immer steil nach oben gerichtet
Lebensraum: Goldhähnchen in Nadel- und Mischwäldern, Zaunkönig auch in Laubwäldern
Fortpflanzung: Goldhähnchen: Freinester auf Bäumen, Zaunkönig Kugelnest am Boden oder in Bodennähe; 5 - 10 Eier; meist 2 Jahresbruten; Brutdauer etwa 2 Wochen
Zugverhalten: Standvögel
Nahrung: Insekten und Spinnen, die an Zweigen (Goldhähnchen) und teilweise in Bodennähe (Zaunkönig) gesucht werden; im Winter als Alternative auch ölhaltige Samen

Zaunkönig

Grasmücken, Spötter und Laubsänger

Dorngrasmücke

Mönchsgrasmücke

Gartengrasmücke

Merkmale: meist unscheinbar gefärbte kleine Singvögel mit spitzem pinzettenartigem Schnabel, Männchen und Weibchen meist gleich gefärbt (Ausnahmen: Mönchsgrasmücke, Dorngrasmücke)
Lebensraum: Waldränder, dicht bewachsene Lichtungen in Laub- und Mischwäldern, Hecken, Parks; **Dorngrasmücke und Mönchsgrasmücke typische Heckenvögel; Waldlaubsänger als Charaktervogel von Buchenwäldern**
Fortpflanzung: Baum- oder Buschbrüter (teilweise in Bodennähe) meist 4 - 6 Eier; meist nur 1 Jahresbrut (Dorn- und Mönchsgrasmücke in günstigen Jahren 2 Bruten); Brutdauer etwa 2 Wochen
Zugverhalten: alle Arten sind Zugvögel, die in Afrika überwintern
Nahrung: Insekten und Spinnen, die auf Blättern und Zweigen gesucht werden; während der Zugzeit fressen vor allem Grasmückenarten auch kleine Beeren (z. B. Schwarzen Holunder)

Waldlaubsänger

Zilpzalp (= Weidenlaubsänger)

Gelbspötter

Rotkehlchen

Merkmale: oberseits braun, Brust rot, Bauch weiß, schmaler Schnabel; Geschlechter meist gleich gefärbt, Jungvögel gesprenkelt
Lebensraum: Wälder, Parks und Gärten
Fortpflanzung: Bodenbrüter im Gebüsch; 5 - 6 Eier; 2 Jahresbruten; Brutdauer etwa 2 Wochen
Zugverhalten: Teilzieher; in den letzten Jahrzehnten immer häufiger Standvogel
Nahrung: Insekten und Spinnen, die am Boden gesucht werden; im Herbst auch kleine Beeren

Nachtigall

Merkmale: braun, Schwanz rötlich; Schnabel relativ kräftig
Lebensraum: Laubwälder, Parks und Gärten; Kulturland mit dichtem Gebüsch
Fortpflanzung: Bodenbrüter im Gebüsch; 4 - 6 Eier; 1 Jahresbrut; Brutdauer etwa 2 Wochen
Zugverhalten: Zugvogel
Nahrung: Insekten, Spinnen und Würmer, im Herbst auch Beeren

Rotschwänze und Braunkehlchen

Hausrotschwanz

Gartenrotschwanz

Merkmale: kleine meisengroße Singvögel mit pinzettenartigem Schnabel; Geschlechter unterschiedlich gefärbt
Lebensraum: Braunkehlchen in strukturreichen Feuchtwiesen; Gartenrotschwanz in Wäldern und Parks; Hausrotschwanz ursprünglich oberhalb der Baumgrenze in den Gebirgen, im Flachland vor allem in Siedlungen
Fortpflanzung: Braunkehlchen Nest am Boden, „Wiesenbrüter"; Hausrotschwanz Halbhöhlenbrüter; Gartenrotschwanz Höhlenbrüter; Braunkehlchen eine Jahresbrut, Rotschwänze 2 Jahresbruten mit jeweils 4 - 6 Eiern, Brutdauer etwa 2 Wochen
Zugverhalten: Zugvögel, die im tropischen Afrika überwintern
Nahrung: Insekten, die häufig von einer Sitzwarte aus im Flug gefangen werden

Braunkehlchen

Fliegenschnäpper

Trauerschnäpper

Grauschnäpper

Merkmale: kleine meisengroße Singvögel mit pinzettenartigem Schnabel; Grauschnäpper unscheinbar graubraun, Trauerschnäpper Männchen schwarzweiß, Weibchen oberseits bräunlich, unterseits hell
Lebensraum: Wälder, Parks, Gärten
Fortpflanzung: Grauschnäpper Halbhöhlenbrüter, Trauerschnäpper Höhlenbrüter; eine Jahresbrut mit 4 - 6 Eiern, Brutdauer etwa 2 Wochen
Zugverhalten: Zugvögel, die im tropischen Afrika überwintern
Nahrung: Insekten, die von einer Sitzwarte aus im Flug gefangen werden

Heintges Thementest
Geschützte Vögel

Rohrsänger

Drosselrohrsänger

Schilfrohrsänger

Merkmale: kleine finkengroße Singvögel (Ausnahme: Drosselrohrsänger deutlich größer) mit pinzettenartigem Schnabel; braune Grundfarbe; Geschlechter gleich gefärbt
Lebensraum: typische Arten der schilfreichen Verlandungszonen von Gewässern, Ausnahme: der Sumpfrohrsänger bewohnt auch Lebensräume in der Kulturlandschaft weitab vom Wasser
Fortpflanzung: Nester zwischen Halmen und Zweigen, in der Regel im Schilf über Wasser; Sumpfrohrsänger auch in Hochstauden (bevorzugt Brennnesseln); 1 Jahresbrut mit 4 - 6 Eiern, Brutdauer etwa 2 Wochen; Rohrsänger sind beliebte Wirte für den Kuckuck
Zugverhalten: Zugvögel, die im tropischen Afrika überwintern
Nahrung: Insekten und Spinnen, die an Halmen gefangen werden

Sumpfrohrsänger

Heckenbraunelle

Merkmale: meisengroß; Rücken braun, Unterseite graublau; Geschlechter gleich gefärbt
Lebensraum: lichte Wälder (gerne in Jungbeständen), Waldränder, Parks, Gärten
Fortpflanzung: Nester im Dickicht in Bodennähe; 2 Jahresbruten mit 4 - 5 Eiern, Brutdauer etwa 2 Wochen
Zugverhalten: Teilzieher
Nahrung: Insekten und Spinnen, im Winter auch sehr kleine Samen

Wasseramsel

Merkmale: starengroß; graubraun mit weißem Brust- und Kehlfleck; kurzer nach oben stehender Schwanz; Geschlechter gleich gefärbt
Lebensraum: an schnell fließenden Bächen mit steinigen Ufern
Fortpflanzung: Nester in geschützten Ufernischen (z. B. überhängendes Wurzelwerk); 2 Jahresbruten mit 4 - 6 Eiern, Brutdauer etwa 2 Wochen
Zugverhalten: Standvogel
Nahrung: Wasserinsekten, selten Fischbrut und Fischrogen; Nahrung wird tauchend unter Wasser gesucht

Drosseln, Stare und Pirole

Merkmale: mittelgroße Singvögel; Männchen und Weibchen sind nur bei Amsel, Ringdrossel und Pirol unterschiedlich gefärbt; **größte Art = Misteldrossel**; alle Drosseln, Stare und Pirole sind an ihrem relativ langen und kräftigen Schnabel erkennbar, der auch zum Stochern im Boden (Suche nach Würmern) dient
Lebensraum: Laub- und Mischwälder, Parks; Amsel auch in Siedlungen; Ringdrossel nur in den Alpen und in den Hochlagen des Bayerischen Waldes und Schwarzwaldes, dort bis in die Latschenregion; Pirol als Charaktervogel von Laubwäldern
Fortpflanzung: offene Nester auf Zweigen in Bäumen; Amsel und Ringdrossel auch in Bodennähe; meist 4 - 6 Eier, in der Regel 2 Jahresbruten (bei der Amsel regelmäßig 3 Bruten); Brutdauer etwa 2 Wochen; Wacholderdrossel regelmäßig als Koloniebrüter
Zugverhalten: mit Ausnahme der Amsel alle Arten Zugvögel; Wacholderdrossel und Stare in den letzten Jahren teilweise in Mitteleuropa überwinternd
Nahrung: Würmer, Schnecken und Insekten (mit Ausnahme des Pirols wird die Nahrung fast ausschließlich am Boden gesucht); Beeren und Obst (z. B. Vogelbeere, Holunder, Weißdorn)

Amsel

Ringdrossel

Misteldrossel (heller Bauch)

Wacholderdrossel (Krammetsvogel)

Singdrossel

Brutkleid

Star

Pirol

Finken, Ammern und Webervögel

Merkmale: kleine bis mittelgroße Singvögel, Männchen und Weibchen meist unterschiedlich gefärbt, oft auch die Jungvögel; **im Profil dreieckiger Körnerfresserschnabel**
Lebensraum: meist Arten der Wälder oder Waldränder, aber auch in Hecken und in Siedlungen; der **Fichtenkreuzschnabel ist auf Fichtenwälder beschränkt**, die Goldammer ist ein typischer Heckenvogel
Fortpflanzung: offene, kunstvolle Nester aus Haaren, Halmen und Federn; Nester auf Zweigen in Bäumen und Büschen; Goldammer in Bodennähe, Feld- und Haussperling Höhlenbrüter; meist 4 - 6 Eier, in der Regel 2 Jahresbruten im Sommer (beim Fichtenkreuzschnabel auch im Winter); Brutdauer meist 2 Wochen
Zugverhalten: Stieglitz (Distelfink), Bluthänfling und Buchfink Teilzieher, alle anderen Arten meist Stand- und Strichvögel; Birkenzeisig und Bergfink als nordische Wintergäste
Nahrung: vorwiegend pflanzliche Nahrung aus Sämereien, Knospen und Beeren; Jungvögel werden in den ersten Lebenstagen mit Insekten gefüttert

Die Stärke des Schnabels ist mit der durchschnittlichen Größe der Hauptnahrung korreliert:

Erlenzeisig, Birkenzeisig:	sehr kleine Samen (z. B. Erlen- und Birkensamen)
Goldammer:	Grassamen
Hänfling, Stieglitz:	mittelgroße Samen (z. B. Löwenzahn- und Distelsamen)
Grünfink, Sperlinge:	Sonnenblumen, Vogelbeere
Dompfaff:	größere Samen von Bäumen (z. B. Ahornsamen) u. Knospen
Kernbeißer:	u. a. Samen von Steinobst (kann auch Kirschkerne knacken)
Fichtenkreuzschnabel:	Nahrungsspezialist für Fichtensamen (gekreuzter Schnabel)

Erlenzeisig

Bluthänfling

Grünfink

Birkenzeisig

Feldsperling

Dompfaff (Gimpel)

Goldammer

Haussperling (Spatz)

Kernbeißer

Stieglitz (Distelfink)

Buchfink

Fichtenkreuzschnabel

Rabenvögel

Die Rabenvögel stellen eine Familie der Singvögel dar, deren Arten aus jagdrechtlichen Gründen ausführlicher behandelt werden. Der **Kolkrabe unterliegt** als einziger Singvogel dem **Bundesjagdrecht** (siehe Heintges Arbeitsblätter Federwild). **Rabenkrähe, Elster und Eichelhäher** sind in **verschiedenen Bundesländern** aus Jagdschutzgründen ebenfalls **dem Jagdrecht unterstellt**. Die Bejagung dieser Rabenvögel führt regelmäßig zu kontroversen Diskussionen. Diese sollten immer sachlich und situationsbezogen geführt werden, da lokal sehr unterschiedliche Aspekte bedeutsam sein können. Alle Rabenvögel sind Baumbrüter und als Singvögel typische Nesthocker. Sie sind zur Brutzeit monogam, beide Eltern brüten und füttern. 3 Arten **(Dohle, Saatkrähe, Alpendohle)** sind typische **Koloniebrüter**. Mit Ausnahme der **Saatkrähe (Zugvogel)** sind alle Arten Standvögel.

Eichelhäher

Merkmale: braun mit weißem und blau-schwarzen Flügelspiegel, dunkler Schwanz, schwarzer Bartstreif; Schnabel mit leichtem Haken; typische Warnrufe („Rätschen")

Lebensraum/Lebensweise: Laub- und Nadelwälder, Parks, größere Feldgehölze, meidet offene Feldflur; nach der Brutzeit oft truppweise

Nistweise: Baumbrüter in guter Deckung, 5 - 6 Eier; Brutdauer etwa 2 Wochen

Nahrung: Allesfresser: Samen, Bucheckern, Eicheln, Nüsse, Insekten, Würmer, Eier, Jungvögel (Nesträuber); Eichelhäher legen am Boden Vorräte an (z. B. Eicheln, Bucheckern, Nüsse) und tragen damit zur Verbreitung dieser Baumarten und zur Waldverjüngung bei

Tannenhäher

Merkmale: dunkelbraun mit weißen Tupfen, Schwanz mit schwarzer und weißer Binde; relativ langer gerader Schnabel

Lebensraum/Lebensweise: Nadelwälder der Mittel- und Hochgebirge; im Winter regelmäßige große Trupps Sibirischer Tannenhäher (Wintergäste)

Nistweise: Baumbrüter in guter Deckung, 3 - 4 Eier; Brutdauer etwa 17 Tage

Nahrung: Früchte von Laub- und Nadelbäumen (Bucheckern, Eicheln, Nüsse, Zirbennüsse), Obst, Beeren, selten Insekten und Würmer; Tannenhäher legen wie Eichelhäher Vorräte an, im Gebirge sind sie deshalb für die Verjüngung der Arve (Zirbelkiefer) wichtig

Elster

Merkmale: kontrastreich schwarzweiß, metallisch schimmernd, langer stufiger Schwanz

Lebensraum/Lebensweise: Feldgehölze, Parks, Siedlungen, Waldränder; meidet sowohl dichte Wälder als auch weite offene Feldflur

Nistweise: Baum- und Heckenbrüter, baut Kuppelnester (diese werden u. a. von Turmfalke und Waldohreule genutzt); 4 - 7 Eier; Brutdauer etwa 17 Tage

Nahrung: Allesfresser: Insekten, Schnecken, Würmer, junge Frösche, junge Mäuse, Aas, Eier, Jungvögel (Nesträuber), Samen, Früchte, Pflanzenteile

Rabenvögel

Rabenkrähe

Nebelkrähe

Aaskrähe (Rabenkrähe und Nebelkrähe)

Rabenkrähe und Nebelkrähe sind die Unterarten der Aaskrähe; die Rabenkrähe kommt im Wesentlichen westlich der Elbe vor, die Nebelkrähe östlich, doch gibt es einen großen Überlappungsbereich; ökologisch ähneln sich die beiden Unterarten stark

Merkmale: Rabenkrähe glänzend schwarz (metallisch), Nebelkrähe grau sowie Kopf-Hals-Bereich, Flügel und Schwanz schwarz; Schnabel an der Spitze mit Haken (Unterscheidung zur jungen Saatkrähe); Geläuf am markanten Krallenabdruck der Hinterzehe erkennbar

Lebensraum/Lebensweise: Waldränder von Laub- u. Nadelwäldern, Feldgehölze, Parks; im Herbst oft in großen Schwärmen

Nistweise: Baumbrüter, 4 - 5 Eier; Brutdauer etwa 18 Tage

Nahrung: Allesfresser: Insekten, Schnecken, Würmer, junge Frösche, Kleinsäuger bis Junghasen, Eier (werden meist in der Mitte aufgehackt), Jungvögel (Nesträuber), Aas, Samen, Früchte, Pflanzenteile, Abfälle (oft an Müllkippen); würgen Gewölle aus

Saatkrähe

Merkmale: glänzend schwarz mit violettem Schimmer; Altvögel mit weißem nackten Schnabelansatz (Unterscheidung zur Rabenkrähe); bei den Jungvögeln ist der Schnabelansatz dunkel befiedert; Schnabel an der Spitze pinzettenartig (Unterscheidung zur Rabenkrähe)

Lebensraum/Lebensweise: offene Landschaft mit Feldgehölzen und Baumgruppen, Hauptbrutgebiete östlich der Elbe; im Herbst oft in großen Schwärmen auf dem Zug im gesamten Bundesgebiet

Nistweise: **Baumbrüter in Kolonien**, 4 - 5 Eier; Brutdauer etwa 18 Tage

Nahrung: Insekten, die am Boden aufgepickt werden (spitzer Schnabel!), darunter viele Ackerschädlinge (z. B. „Drahtwürmer", Engerlinge), Schnecken, Würmer, keimende Saat, Feldfrüchte, daneben auch junge Mäuse, Eier

Dohle

Merkmale: deutlich kleiner als Raben- und Saatkrähe, schwarz, Nacken und Halsseiten grau, dunkler Schnabel

Lebensraum/Lebensweise: Laubwälder, Parks, Siedlungen; Kulturfolger

Nistweise: **Höhlenbrüter in Kolonien**, nutzt sowohl Baumhöhlen als auch Felsnischen oder Mauerlöcher in Gebäuden (Ruinen); 4 - 6 Eier; Brutdauer etwa 3 Wochen

Nahrung: Allesfresser: Würmer, Insekten, Schnecken, junge Frösche, junge Mäuse, Eier, Jungvögel (Nesträuber), Samen, Früchte, Pflanzenteile, Abfälle (oft an Müllkippen)

Alpendohle

Merkmale: schwarz mit gelbem Schnabel und roten Ständern

Lebensraum/Lebensweise: felsige Landschaften oberhalb der Baumgrenze; in Deutschland nur in den bayerischen Alpen

Nistweise: **Felsbrüter in Kolonien**, 4 - 6 Eier; Brutdauer etwa 3 Wochen

Nahrung: Würmer, Schnecken, Insekten, Früchte, Beeren

Vergleichsübersicht der wichtigsten Vogelarten (1)

	Allgemeines				Brutverhalten				Lebensraum									
Art:	Männchen / Weibchen unterschiedlich	Standvogel	Strichvogel	Zugvogel	Bodenbrüter	Baum- / Strauchbrüter	Höhlenbrüter	in oder an Gebäuden	„Wiesenbrüter“	Felder und Brachland	Hecken	Parks, Obstgärten, Streuobst	Nadelwald	Laubwald	Mischwald	Schilf, Röhricht, Verlandung, Moor	offene Kulturlandschaft	Sonstiges
Rothalstaucher				(X)	X											X		
Schwarzhalstaucher				(X)	X											X		
Zwergtaucher		X	X	X	X											X		
Kormoran		X	X	X		X										X		in Kolonien
Purpurreiher				X	X											X		
Große Rohrdommel				X	X											X		
Zwergrohrdommel				X	X											X		
Schwarzstorch				X		X							X	X	X			mit Altbeständen
Weißstorch				X		(X)		X		X						X	X	
Singschwan				X	X													Wintergast
Zwergschwan				X	X													Wintergast
Kranich				X	X											X	X	
Teichhuhn		X	X	X	X											X		
Wasserralle			X	X	X											X		
Wachtelkönig (Wiesenralle)				X	X				X									
Tüpfelsumpfhuhn				X	X											X		
Kleines Sumpfhuhn				X	X											X		
Austernfischer			X	X	X													Watt
Kiebitz			X	X	X				X	X								
Flussregenpfeifer				X	X													Sand-, Kiesflächen
Bekassine			X	X	X				X							X		
Großer Brachvogel				X	X				X									
Eichelhäher		X	X			X						X	X	X	X		X	
Tannenhäher		X	X			X							X					
Elster		X				X					X	X					X	
Alpendohle		X																Felsenbrüter in Kolonien
Dohle		X	X				X	X				X					X	Koloniebrüter
Rabenkrähe		X				X						X					X	
Saatkrähe		X	X	X		X					X	X					X	Koloniebrüter
Nebelkrähe		X	X			X						X					X	

(X) = Teilzeiher

Vergleichsübersicht der wichtigsten Vogelarten (2)

Art:	Allgemeines				Brutverhalten				Lebensraum									Sonstiges
	Männchen / Weibchen unterschiedlich	Standvogel	Strichvogel	Zugvogel	Bodenbrüter	Baum- / Strauchbrüter	Höhlenbrüter	in oder an Gebäuden	„Wiesenbrüter“	Felder und Brachland	Hecken	Parks, Obstgärten, Streuobst	Nadelwald	Laubwald	Mischwald	Schilf, Röhricht, Verlandung, Moor	offene Kulturlandschaft	
Schleiereule		X					(X)	X		X		X					X	
Uhu		X			X	(X)				X			X	X	X		X	Felsenbrüter
Steinkauz		X					X					X					X	
Sperlingskauz		X					X						X		X			teilweise tagaktiv
Waldohreule		X	X			X				X	X	X	(X)				X	
Sumpfohreule		X	(X)	X	X				X	X						X	X	tagaktiv
Waldkauz		X					X					X	X	X	X		X	
Raufußkauz		X					X[1]						X	(X)	X			
Ziegenmelker (Nachtschwalbe)				X	X								X[2]					
Eisvogel		X	(X)				X											an Gewässern [3])
Wiedehopf				X			X			X		X						
Grün-, Grau-, Mittel-, Kleinspecht	X	X					X					X		X	X			
Buntspecht	X	X					X					X	X	X	X			
Schwarzspecht	X	X					X						X	X	X			
Wendehals				X			X					X		(X)			X	
Kuckuck	(X)			X		(X)						X	X	X	X	X		Brutschmarotzer
Haubenlerche				X	X					X								
Feldlerche			(X)	X	X					X								
Heidelerche			(X)	X	X								X[2]					
Uferschwalbe				X			X											Koloniebrüter [3])
Rauchschwalbe				X				X									X	
Mehlschwalbe				X				X									X	
Schafstelze	X			X	X					X							X	
Bachstelze	X			X			(X)	X									X	Halbhöhlenbrüter
Rotrückenwürger (Neuntöter)	X			X		X					X						X	
Raubwürger	(X)	(X)	X	X		X					X						X	
Seidenschwanz				X									X		X			Wintergast
Wasseramsel		X			X													Fließgewässer
Zaunkönig		X	(X)		X	X						X	X	X	X			
Schilfrohrsänger				X	X	X										X		Schilfbrüter
Drosselrohrsänger				X												X		Schilfbrüter
Sumpfrohrsänger				X						X	X	X				X		
Teichrohrsänger				X												X		Schilfbrüter
Mönchsgrasmücke	X			X		X					X	X		X	X			
Gartengrasmücke				X		X					X	X						

[1] fast nur in Schwarzspechthöhlen
[2] lichte Kiefernwälder
[3] an Gewässern und Steilufern

Vergleichsübersicht der wichtigsten Vogelarten (3)

	Allgemeines				Brutverhalten				Lebensraum									
Art:	Männchen / Weibchen unterschiedlich	Standvogel	Strichvogel	Zugvogel	Bodenbrüter	Baum- / Strauchbrüter	Höhlenbrüter	in oder an Gebäuden	„Wiesenbrüter“	Felder und Brachland	Hecken	Parks, Obstgärten, Streuobst	Nadelwald	Laubwald	Mischwald	Schilf, Röhricht, Verlandung, Moor	offene Kulturlandschaft	Sonstiges
Dorngrasmücke	(X)			X		X					X							
Wintergoldhähnchen	(X)	X	(X)	(X)		X							X		(X)			
Sommergoldhähnchen	(X)	X	(X)	(X)		X							X		X			
Trauerschnäpper	X			X			X					X		X	X			
Grauschnäpper				X			(X)	X				X						Halbhöhlenbrüter
Waldlaubsänger				X		X								X	(X)			
Misteldrossel			(X)	X		X						X		(X)	(X)		X	
Wacholderdrossel (Krammetsvogel)			X	X		X						X	X	(X)	X			
Singdrossel			(X)	X		X						X	X	X	X			
Rot- oder Weindrossel				X														Durchzügler
Amsel (Schwarzdrossel)	X	X	(X)	(X)		X					X	X	X	X	X			
Ringdrossel	X			X		X							X					
Braunkehlchen	X			X	X				X	(X)							(X)	
Gartenrotschwanz	X			X			X					X		X	X		X	
Hausrotschwanz	X			X			(X)	X				X						Halbhöhlenbrüter
Rotkehlchen		X	X	X	X						X	X	X	X	X			
Nachtigall				X	X							X		X	X			
Schwanzmeise		X	(X)			X						X		X	X			
Sumpfmeise		X	(X)				X					X		X	X			
Weidenmeise		X	(X)				X							X	X			feuchte Biotope
Haubenmeise		X					X						X		X			
Blaumeise		X					X					X		X	X			
Tannenmeise		X					X						X		X			
Kohlmeise		X					X					X	X	X	X			
Kleiber		X					X					X		(X)	X			
Waldbaumläufer		X	(X)			(X)	(X)						X		X			„Spaltenbrüter“
Gartenbaumläufer		X	(X)			(X)	(X)					X		X				„Spaltenbrüter“
Goldammer	(X)	X	X	(X)	X	(X)					X	X					X	
Buchfink	X	(X)	(X)	X		X						X	X	X	X			
Bergfink	X			X		X								X				Wintergast
Gimpel (Dompfaff)	X	X	(X)			X						X		X	X			
Kernbeißer (Kirschkernbeißer)	(X)	X	(X)			X						X		X	X			
Grünling (Grünfink)	X	X	(X)			X					X	X		X	X			
Erlenzeisig	X	X	(X)			X								X	X			
Stieglitz			X	X		X					X	X					X	
Hänfling (Bluthänfling)	X		X	X		X					X	X					X	
Birkenzeisig	X	X	X	X		X							X	X	X			
Fichtenkreuzschnabel	X	X	[1]			X							X					
Feldsperling		X	(X)				X	X			X	X					X	
Haussperling	X	X					X	X			X	X					X	
Star		(X)	X	X			X	X				X		X	X		X	
Pirol	X			X		X						X		X				

[1] „Zigeuner“ streift im Brutgebiet herum, bei Nahrungsangebot invasionsartig auch außerhalb des Brutgebietes

Geschützte Biotope

Als **Biotop** bezeichnet man einen Lebensraum für eine **Lebensgemeinschaft von Tier- und Pflanzenarten**, die in einem bestimmten Areal gemeinsam vorkommen. Der Biotop wird gekennzeichnet durch seine unbelebten (abiotischen) und belebten (biotischen) Besonderheiten. Die **Lebensgemeinschaft** selbst wird als **Biozönose** bezeichnet.

Tiere und Pflanzen benötigen in der Regel ihren arteigenen Lebensraum und können i. d. R. nicht isoliert von anderen Arten leben. Allerdings können viele Arten auch unterschiedliche Biotope bewohnen (d. h. mit unterschiedlichen Arten vergesellschaftet sein). Zu einem wirkungsvollen Schutz der heimischen Tier- und Pflanzenwelt muss deshalb auch die Vielfalt der Lebensräume (Biotope) und ihrer Lebensgemeinschaften (Biozönosen) ausreichend gesichert und geschützt werden.

Besonders zu beachten sind die Vorschriften für Eingriffsregelungen und die damit verbundene Erlaubnispflicht, insbesondere zum Grundwasserschutz, z. B.
- in Nass- und Feuchtgebieten, Verlandungsbereichen, Mooren und Sümpfen,
- aber auch in naturnahen Waldbiotopen, alpinen Biotopen, Küstenbiotopen etc.

Stark in Flächenausdehnung reduzierte Biotoptypen und sehr artenreiche Biotoptypen werden durch das BNatSchG (§ 30) vor nachteiligen Veränderungen geschützt. Ebenso gilt es, Biotopverbundsysteme (vergleiche Seite N 4.8) weitgehend zu erhalten und wiederherzustellen.

Die geschützten Biotoptypen lassen sich in 5 wichtige Gruppen untergliedern:

Gruppe von Biotoptypen:	unter Schutz gestellt sind u. a. folgende Biotoptypen
Feuchtbiotope	• Moore, z. B. Hochmoore, Niedermoore, Übergangsmoore • Sümpfe • Röhrichte, z. B. Schilfröhricht, Rohrkolbenröhricht • seggen- und binsenreiche Nasswiesen • Pfeifengraswiesen • Quellbereiche, z. B. Planarien- und Höhlenkrebsbiotope • naturnahe und unverbaute Bach- und Flussabschnitte • Verlandungsbereiche stehender Gewässer, z. B. Randzonen von Seen, Altwasser u. a.

Trockenbiotope	• offene Binnendünen
	• Block- und Geröllhalden, z. B. in den höheren Mittelgebirgen
	• Zwergstrauch- und Wacholderheiden
	• Magerrasen, z. B.
	  • Borstgrasrasen, z. B. in den Hochlagen der Mittelgebirge
	  • Trockenrasen, z. B. Steppen- und Trespenrasen

Waldbiotope	• Laub-, Nadel-, Mischwälder und Gebüsche unterschiedlicher Standorte • Bruch-, Sumpf- und Auwälder, z. B. in Altwasserbereichen
Küstenbiotope	• Fels- und Steilküsten, z. B. auf Helgoland, Rügen • Strandwälle und Dünen, z. B. Nordseeküste • Salzwiesen und Wattflächen im Küstenbereich
Fels- und alpine Biotope	• offene Felsbildungen, z. B. im Mittel- und Hochgebirge • alpine Rasen • Schneetälchen, z. B. im Bereich von Schuttfluren im Hochgebirge • Krummholzgebüsche im alpinen Bereich

Fließgewässer

Bäche und Flüsse

Entstehung und Merkmale:
Bäche entstehen aus dem Abfluss von Quellen. Sie vereinigen sich zu Flüssen. Naturnahe Bäche und Flüsse sind gekennzeichnet durch einen unregelmäßigen, bei geringem Gefälle stets gewundenen Lauf, eine jahreszeitlich schwankende Wasserführung und vielgestaltige Ausformung des Bachbettes bzw. der Ufer. Durch Verlagerung des Flusslaufes werden Flussabschnitte mit geringer Strömung abgetrennt und bilden „Altwasser", die ähnlich wie Stillgewässer (z. B. Teiche und Seen) mehr oder minder ausgedehnte Verlandungsbereiche (Röhrichte) aufweisen. Abhängig vom Gewässerabschnitt unterscheidet man zwischen verschiedenen Gewässerregionen.

Typische Vegetation:
Pionierpflanzen auf Kiesbänken sind z. B. Grauweide, Deutsche Tamariske, sogenannte „Schwemmlinge" (z. B. Gemskresse), Silberwurz, Herzblättrige Kugelblume. Am Mittel- und Unterlauf finden sich meist Auwälder, z. B. mit Schwarzerle und Traubenkirsche. In den Altwässern bilden sich Verlandungszonen, z. B. mit Seerosen und Schilfröhricht.

Typische Tierarten:
Jeder Gewässerabschnitt hat seine speziellen Tier- und insbesondere Fischarten. Typische Tierarten sind in Bächen und Flüssen je nach Region z. B. Bachneunauge, Flussneunauge, Bachforelle, Flussuferläufer, Eisvogel, Flussseeschwalbe usw.

Gefährdung:
- Begradigungen
- Verbauungen der Flussläufe (z. B. Wasserkraftwerke, Wehre, Kanalisierung)
- Hochwasserfreilegungen
- Rodung von Auwäldern und Umwandlung in Fichtenforste oder Pappelanpflanzungen
- Trockenlegung von Feuchtwiesen und deren Umwandlung in Ackerland
- Ausweisung von Baugebieten in den Überschwemmungsgebieten der Flüsse und damit verbundene Eingriffe
- Nährstoffeintrag in die Gewässer **(Eutrophierung)**
- Einleitung von Abwässern

Die Abbildungen zeigen von oben:
- natürlicher Quellbach mit sog. Quellbecken
- natürlicher Bachlauf mit Schotterbänken
- natürlicher Flusslauf mit angrenzendem Auwald (Eger)
- typischer Altwasserarm mit Höckerschwänen (Altmühl)

Moore

Vereinfacht unterscheidet man nach der Entstehung und den typischen Merkmalen zwischen **Niedermooren** und **Hochmooren**. Übergangsmoore sind noch wachsende Moorflächen, welche im Wasserhaushalt sowohl vom Regenwasser als auch vom Grundwasser bestimmt werden. Hochmoore und Übergangsmoore sind von den Arten der Moosgattung Sphagnum (Torfmoos) geprägt.

Niedermoore (Flachmoore)

Entstehung und Merkmale:
Sie entstehen durch Verlandung von Seen, durch Torfansammlungen in feuchten Wäldern und in Quellsümpfen. Sie sind stets vom Grundwasser beeinflusst. Je nach Nährstoff- bzw. Kalkgehalt bilden sich unterschiedliche Pflanzengesellschaften: Röhrichte, Groß- und Kleinseggenrieder, Erlenbrücher. Nach der Kultivierung/Rodung entstanden einschürige Wiesen mit Sauergräsern und geringem Futterwert, deren Mähgut hauptsächlich zur Einstreu benutzt wurde. **Streuwiesen** sind also das Ergebnis einer langen Nutzung durch den Menschen, welche das Aufkommen von Wäldern verhindert und lichtbedürftigen Pflanzen Lebensräume gesichert hat. Der jährliche späte Schnitt ist als Pflegemaßnahme unentbehrlich.

Typische Vegetation:
- Großseggenrieder mit hohen Sauergräsern (Steif-Segge, Schnabel-Segge, Schlank-Segge, u. a.)
- Kleinseggenrieder mit niedrigen Sauergräsern (z. B. Davall-Segge, Schlamm-Segge), Sumpf-Siegwurz, Trollblume, Breitblättriges Wollgras
- Pfeifengraswiesen mit Pfeifengras, Lungen-Enzian, Sumpf-Stendelwurz, Sibirischer Schwertlilie, Mehl-Primel

Typische Tierarten:
Marmorierte Kreuzspinne, Schecken-, Moor-, Großer Perlmutter- und Dukatenfalter, Moorfrosch, Birkhuhn, Bekassine, Sumpfohreule, Wiesenweihe, Wiesenpieper, Braunkehlchen

Gefährdung:
- Intensivierung und Nutzung als Wirtschaftsgrünland (nach Entwässerung)
- Düngung
- Aufforstung
- Brache und Übergang zu Hochstaudenfluren mit allmählicher Wiederbewaldung, frühzeitige Mahd
- Trittschäden (erhöhter Besucherverkehr oder Beweidung)
- Überstauung

Hochmoore

Entstehung und Merkmale:
Sie entstanden in Deutschland am Ende der letzten Eiszeit. Hochmoore wölben sich uhrglasförmig über die Umgebung auf und liegen im zentralen Bereich zum Teil deutlich höher als die Umgebung. Hochmoore speisen sich ausschließlich aus Niederschlagswasser.

Typische Vegetation:
Torfmoose (häufig rötlich-braun gefärbt) bilden buckelige Höcker (sogenannte „Bulten"), zwischen denen wassergefüllte Vertiefungen (sogenannte „Schlenken") liegen. Typisch sind Rosmarinheide, Glockenheide, Sumpfporst, Moosbeere, Krähenbeere und Sonnentau, Scheidiges und Schmalblättriges Wollgras. Im Randbereich („Randgehänge") findet sich auch die Bergkiefer (Spirke).

Typische Tierarten:
Waldeidechse, Kreuzotter, Schmetterlinge (Moorgelbling und Hochmoorbläuling)

Gefährdung:
- Entwässerung und anschließende Nutzbarmachung (z. B. als Grünland, Fichtenforste)
- erhöhter Besucherverkehr durch Freizeit und Erholung
- Torfabbau zur Herstellung von Gartenerde
- Nährstoffeintrag **(Eutrophierung)** aus der Landwirtschaft und aus der Luft

Foto links: Flachmoor (z. B. Wampen-Moos)
Foto rechts: Das Scheidige Wollgras ist eine typische Pflanzenart der Randbereiche von Hochmooren.

Röhricht

Röhrichte sind ein Biotop im Flachwasser- und Uferrandbereich von Gewässern. Die Vegetation wird beherrscht von schilfartigen Pflanzen; häufig bildet Schilfrohr Reinbestände. In Röhrichten brüten viele Vögel, in der Unterwasserzone laichen verschiedene Fisch- und Amphibienarten. Röhrichte sind eine natürliche „Kläranlage“ und dienen der Reinhaltung der Gewässer. „Schilfkläranlagen“ werden auch zur Abwasserbeseitigung genutzt.

Typische Vegetation:
Schilfrohr, Rohrkolben, Rohrglanzgras, Kalmus, Sumpf-Schwertlilie, Schwanenblume

Gefährdung:
Diverse Freizeitaktivitäten wie z. B. Befahren mit Booten können die empfindliche Vegetation gefährden. Aber z. B. auch ein zu hoher Bestand an Höckerschwänen kann zu einem Rückgang des Röhrichts führen, da die Triebe durch die Schwäne beäst werden.

Typische Tierarten:
- Große Rohrdommel
- Kleine Rohrdommel
- verschiedene Entenarten
- Blässhühner
- Teichrohrsänger
- Sumpfrohrsänger
- Drosselrohrsänger
- Schilfrohrsänger

Schilfrohr, Schilf (Rohr)

Vorkommen:
ufernahe Bestände bis zu Wassertiefen von 1,5 m
Merkmale:
starker, kriechender Wurzelstock, Halm mit Knoten, je nach Boden bis 4 m hoch, Blütenrispen bis 50 cm lang
Blütezeit: August - September

Rohrkolben,
z. B. Breitblättriger Rohrkolben

Vorkommen:
in der Verlandungszone von Seen, Teichen, Flüssen, Bächen
Merkmale:
starker, kriechender Wurzelstock, aufrecht stehender Halm (bis 3 m hoch), an der Spitze im Rohrkolben oben männliche und unten weibliche Blüten,
Blütezeit: Juni - August

Rohr-Glanzgras

Vorkommen:
wächst in großen Trupps an Fließgewässern, verträgt kein stagnierendes Wasser, oft fast reine Bestände; wächst auf dem Ufer, soweit es feucht genug ist und ist sehr widerstandsfähig gegen Überflutung
Merkmale:
dem Schilf sehr ähnlich, 0,5 - 2 m hoch, unterirdisch kriechende Ausläufer, große straußförmige Blütenrispe, zur Blütezeit bleichgrün bis rötlich
Blütezeit: Juni bis Juli

Wälder - Laubwälder

Mischwald aus hauptsächlich Fichten, Kiefern, Buchen mit Naturverjüngung

Buchenwald mit Naturverjüngung

Erlenbruchwald mit absterbenden Bestand nach Anstieg des Gewässerspiegels

lückiger Auwald mit artenreicher Vegetation

Entstehung und Merkmale:
Wälder gibt es seit über 200 Mio. Jahren überall auf der Erde. In Mitteleuropa sind sie erst vor ca. 10.000 Jahren nach Rückgang des Eises der letzten Eiszeit entstanden und wurden in den Jahrtausenden vom sesshaft werdenden Menschen durch Rodungen und Nutzung mehr oder minder stark beeinflusst. Die heutigen Wälder sind eigentlich Forsten. Sie entstanden erst mit Beginn der planmäßigen Forstwirtschaft seit dem 18. Jahrhundert und entsprechen nicht mehr dem Bild der ursprünglichen europäischen Wälder. Vor allem die jahrhundertelange Dynamik der natürlichen Wälder findet in den Wirtschaftswäldern nicht mehr statt. Die am Ende ihrer Entwicklung stehenden Baumriesen fehlen völlig. Rotbuchen werden 400 - 600 Jahre alt, Eichen noch älter. **Wälder unterscheiden sich nach ihrer hauptsächlich vorherrschenden Vegetation.**

Typische Vegetation:

Eichen-Mischwälder saurer Standorte (Birken-Eichenwälder, Traubeneichenwälder) sind oft auf trockenen, nährstoffarmen Böden ausgebildet und sind relativ artenarm; Adlerfarn, Heidelbeere, Preiselbeere, Besenheide, Faulbaum, Besenginster, im Westen auch Stechpalme sind kennzeichnende Arten.

Buchenmischwälder (z. B. Kalkbuchenwälder mit überwiegender Rotbuche, Bergmischwälder mit Rotbuche, Fichte, Bergahorn und Tanne) umfassen auch Wälder anderer Baumarten (z. B. Eichen-Hainbuchenwälder) und kommen auf sauren und basischen, mehr oder minder nährstoffhaltigen Böden vor; kennzeichnende Frühjahrsblüher: Seidelbast, Buschwindröschen, Leberblümchen, Lungenkraut, Märzenbecher, u. a. m.; Orchideen: Weißes und Rotes Waldvögelein, Frauenschuh, u. a. m.

Bruchwälder aus Schwarzerlen (Erlenbruch, Mehrzahl: Erlenbrücher) wachsen auf Böden, in denen das Grundwasser dauernd nahe an der Oberfläche steht und die nur im zeitigen Frühjahr (Schneeschmelze) überschwemmt werden. Bruchwälder stocken auf Bruchwaldtorf (vorwiegend organischer Oberboden) und sind häufig das Endstadium einer Verlandungsreihe. Neben Erlen kommen Birken, Weiden, Faulbaum und im Unterwuchs Großseggen, Bittersüßer Nachtschatten, Sumpfdotterblume, Gelbes Windröschen (Frühjahr) vor.

Auwälder sind die typische Begleitvegetation der Flüsse und Ströme. Der Grundwasserstand schwankt beträchtlich, regelmäßige Überschwemmungen bringen starken Nährstoffeintrag. Im Gegensatz zum Bruchwald stocken Auwälder auf mineralischem Boden.

Mehrmals und längere Zeit überschwemmte Böden tragen die **Weichholzaue** aus Weiden (vor allem Silber- und Purpurweide) sowie Grau- und Schwarzerle. Auf weniger häufig überschwemmten Böden entwickelt sich die **Hartholzaue** aus Eichen, Eschen und Ulmen, Gewöhnliche Traubenkirsche und Erlen. In der Strauch- und Krautschicht finden sich Pfaffenhütchen, Purgier-Kreuzdorn, Hopfen, Gemeine Waldrebe, usw.

Wälder - Laubwälder

Typische Tierarten:
Hirschkäfer, Puppenräuber, Pirol, Buntspecht, Schwarzspecht, Waldohreule, Waldkauz, Dachs, Gelbhalsmaus, Waldlaubsänger; im Bruchwald: Laubfrosch; im Auwald: Tagfalter (Großer Schillerfalter, Trauermantel)

Gefährdung:
- Luftschadstoffe
- nicht angepasste Wildbestände
- Bruchwälder: durch Rodung und Entwässerung
- Auwälder: durch Baumaßnahmen und Umwandlung in Nadelholzbestände

Wälder - Nadelwälder

lichter Bergmischwald (Bayerische Alpen) mit Fichte, Tanne, Bergahorn, Vogelbeere

Kiefern-Trocken-Wald an der Ostsee

Heintges Thementest
Biotopschutz

Entstehung und Merkmale:
Die heutigen Nadelwälder entstanden überwiegend aus Monokulturen der planmäßigen Forstwirtschaft ab Ende des 18. Jahrhunderts und entsprechen in keiner Art und Weise den ursprünglichen europäischen Mischwäldern.

Nadelwälder unterscheiden sich nach der hauptsächlich vertretenen Baumart und der vorherrschenden Bodenvegetation.

Typische Vegetation:
Nadelwälder sind ausgebildet als
- **Fichtenwälder** (natürlicherweise in den höchsten Lagen der Mittelgebirge und in den Alpen) oder
- **Kiefernwälder** (z. B. Schneeheide-Kiefernwälder auf südseitigen Alpenhängen, Sandkiefernwälder auf den nährstoffarmen Sanden der norddeutschen Tiefebene und den Sandgebieten Süddeutschlands, Eichen-Kiefernwälder auf etwas nährstoffreicheren Sanden, wie z. B. in Keupergebieten).

Natürliche Fichtenwälder haben im Gegensatz zu den Fichtenforsten eine reiche Krautschicht (z. B. mit Rippen-, Dorn- und Frauenfarn, Heidelbeere und Preiselbeere, Blauem und Gelbem Eisenhut u. a. m.).

In den Kiefernwäldern wachsen im Untergrund Schneeheide, Preiselbeere, Ragwurzarten, Waldhyazinthe, auf den armen Sandböden sehr selten Winterlieb, sonst Flechten, z. B. Isländisch Moos, Rentierflechten usw.

Typische Tierarten:
Fichtenkreuzschnabel, Tannenmeise, Haubenmeise, Tannenhäher, Auerwild, Raufußkauz, Sperlingskauz, Kreuzotter, Waldameisen, Bockkäferarten; in Kiefernwäldern: Ziegenmelker

Gefährdung:
- Luftschadstoffe
- nicht angepasste Wildbestände
- Schadinsekten (z. B. Borkenkäfer, Kiefern-Spanner, Nonne)

Wildgrasfluren und Heiden

Heiden

Entstehung und Merkmale:

Heiden (altbayerisch auch „Haide“) sind Vegetationsformen, die an Stelle von Wäldern aufkommen, wenn durch Wegfall des schützenden Kronendaches der Bäume Temperatur und Luftfeuchtigkeit stark schwanken und höhere Windgeschwindigkeiten die Austrocknung fördern. Schon um 3.000 v. Chr. hatten Heiden eine weite Ausdehnung. Ursprünglich nur kleinflächig vorhanden, wo die Bodenbeschaffenheit keinen Baumwuchs aufkommen ließ (z. B. an Felsköpfen und -hängen oder im nordwestdeutschen Moor- und Küstengebiet), haben die Heideflächen durch Weidenutzung stark zugenommen und das Bild Mitteleuropas in den vergangenen Jahrhunderten wesentlich geprägt. Je nach Geologie und Nutzungsform haben sich unterschiedliche Ausprägungen von Magerrasen auf Kalk-, Silikat- oder Sandböden entwickelt.

Wacholder- und Zwergstrauchheide in der Lüneburger Heide

extensiv beweideter Kalkmagerrasen auf den Hohen Dörnberg im Nationalpark Habichtswald

Wacholder-Magerrasen

In Norddeutschland bezeichnet man als Heide

- baumlose Zwergstrauchbestände auf armen Sandböden (z. B. Lüneburger Heide),
- in Süddeutschland dagegen Kalkmagerrasen (z. B. Schwäbische und Fränkische Alb)
- im Voralpengebiet die Trockenrasen auf den ausgedehnten Schotterflächen entlang von Isar und Lech (z. B. Garchinger Haide) und im östlichen Mitteleuropa
- aufgelichtete Kiefernwälder der sandigen Ebene (z. B. Schorfheide: Kienheide, Eichheide).

Im Bergland (Harz, Solling, Hochlagen des Sauerlandes, Hohes Venn, Eifel, Rhön, Frankenwald, Bayerischer Wald usw.) sind Zwergstrauchheiden mit Borstgrasrasen verzahnt, in die sie bei starker Beweidung übergehen. In allen Fällen handelt es sich um die frühere „Allmende“, d. h. gemeinsames Weideland, das neben freien Flächen auch Waldreste und vom Vieh beweidete Wälder umfasste (ursprünglich mehr ein Rechts- als ein Landschaftsbegriff).

Typische Vegetation:

Zwergstrauchheiden: Besenheide, Glockenheide, Krähenbeere, Behaarter Ginster, dazwischen Moose und Flechten (z. B. Rentierflechten) aus.
Borstgrasrasen: Borstgras, Hunds-Veilchen, Gemeine Kreuzblume, Katzenpfötchen, Arnika, Bärwurz; in höheren Lagen auch Alpen-Bärlapp, Alpenlattich, Weißzüngel, Alpen-Goldrute, Punktierter und Ungarischer Enzian.
Kalkmagerrasen, Halbtrockenrasen: Aufrechte Trespe, Wundklee, Frühlings-Adonisröschen, Küchenschelle, Karthäusernelke, Frühlingsenzian, Wiesen-Schlüsselblume, Silberdistel, Große Händelwurz, Ragwurz-Arten, Brand- und Affen-Knabenkraut

Typische Tierarten:
Borstgrasrasen: Birkwild
Kalkmagerrasen, Halbtrockenrasen:
Schwalbenschwanz, Apollofalter, Maulwurfsgrille, Laufkäfer, Grabwespen, Zaun- und Smaragdeidechse, Schlingnatter

Gefährdung:

- Intensivierung der landwirtschaftlichen Nutzung
- besonders Düngung und Einsaat von Futtergräsern
- Verbuschung, Aufforstung und Überbewaldung
- Stickstoffeintrag durch die Luftverschmutzung
- Abbau von Kies, Sand und Gestein

Küstenbiotope, alpine Biotope

Dünenlandschaft

Priel an der Nordsee mit Salzwiesen

Küstenbiotope

Entstehung und Merkmale:
Die Übergangsstellen zwischen Land und Meer sind besonders den Gezeiten (Ebbe und Flut) und starken Witterungseinflüssen ausgesetzt. Je nach Bodenbeschaffenheit der Küste haben sich durch diese Einflüsse eine Vielzahl von Küstenformen und Biotopen gebildet.

Steilküsten: Diese Abbruchkanten sind besonders stark der Erosion ausgesetzt, durch Unterspülungen kommt es zum Abbrechen des Ufers mit Geröllbildung (z. B. Kreidefelsen der Ostseeinsel Rügen, Sandstein-Felsenküste auf Helgoland).

Strandwälle und Dünen: Strandwälle sind wallartige Formen im Übergang vom nassen Strand zum trockenen Strand oberhalb der Mittelwasserlinie, die dadurch entstehen, dass das von dem Schwall einer auflaufenden Welle transportierte Sediment (auch organische Reste wie Seetang) von dem folgenden Sog mit geringerer Transportkraft nur zum Teil wieder aufgegriffen und zum nassen Strand zurücktransportiert wird. Dünen entstehen durch Sand, der vom Wind landeinwärts verfrachtet wird und sich an Hindernissen ablagert. Gräser sind wichtige Dünenbildner (z. B. Strandquecke, Strandhafer). Aus diesen Primärdünen entstehen ausgedehnte Dünensysteme, auf denen sich Gräser und Zwergsträucher ansiedeln. Bei ungestörter Dynamik hatte sich vor über 1.000 Jahren landwärts ein Dünenwald gebildet. Die Wälder wurden im Mittelalter gerodet, deshalb sind diese Standorte mit Zwergstrauchheiden bestockt. Sie wurden bis heute wieder weitgehend aufgeforstet.

Typische Vegetation:	Strandhafer, Strandquecke, Silbergras, Kriechweide, Krähenbeere, Glockenheide
Typische Tierarten:	Strandregenpfeifer, Austernfischer, Seeschwalben- und Möwenarten, Kreuzkröte
Gefährdung:	intensiver Erholungsverkehr, Aufforstung

Wattflächen und Salzwiesen: Bei starkem Gezeitenunterschied werden regelmäßig die Auflaufküsten vom Meer überflutet und mit organischem Material (Schlick) versorgt. Dieser regelmäßig überflutete Bereich ist sehr nährstoffreich und eine bevorzugte Nahrungsquelle für See- und Zugvögel. Zum Binnenland geht das Watt (alles was bei den Gezeiten überflutet wird) in die Salzwiesenzone über. Typisch für Salzwiesen ist eine spezielle Pflanzengesellschaft (z. B. aus Andel-Rasen, Strandbeifuß, Strand-Salzmelde, Strandflieder, Grasnelken usw.).

Almwiese im Hochgebirge

Alpine Biotope

Alpine Biotope liegen oberhalb der Baumgrenze in Hochgebirgen und den höchsten Lagen der Mittelgebirge. Dies sind z. B. alpine Rasen, Geröllhalden, Schneetälchen und anstehende Felsen. Pflanzen und Tiere haben sich an diese extremen Lebensräume angepasst.

Typische Vegetation: typische Pflanzen sind z. B. Gemsheide, Kraut-Weide, Gletscherhahnenfuß, Stängelloser Enzian, Steinbrech-Arten, Aurikel

Typische Tierarten: Steinwild, Gams, Murmeltier, Schneehase, Schneehuhn, Steinadler, Alpenschneehuhn, Alpendohle

Wichtige Lebensräume der Kulturlandschaft

Hecken

Entstehung und Merkmale: Hecken sind typische Teile der Kulturlandschaft, die vom Menschen geschaffen wurden und die in der Regel auf Grundstücks- oder Nutzungsgrenzen wachsen. Ihre ursprüngliche Funktion war vielfältig: Sie dienten als Wind- und Erosionsschutz, als Einfriedung („Knicks" in Norddeutschland), als Grundstücksabgrenzung und zur Brennholzgewinnung. Viele Hecken wachsen auch auf Lesesteinwällen, in denen die von den Feldern abgelesenen Feldsteine gelagert wurden (meist ebenfalls auf Grundstücksgrenzen). **Als Geschützte Landschaftsbestandteile (§ 29 BNatSchG) genießen sie besonderen Schutz.** In ihrer Vegetationszusammensetzung stellen Hecken „doppelte Waldränder" dar, da in ihnen vor allem Gebüsche und Kräuter der Waldränder wachsen. Die Übergangszone zwischen 2 verschiedenen Biotoptypen (Hecke / Blühstreifen / Wiese) ergibt den „Grenzlinien-Effekt". Da dieser Übergangsbereich von den Tieren beider Biotoptypen genutzt wird, ergibt sich hieraus der außergewöhnliche Artenreichtum. Hecken benötigen eine regelmäßige sachgemäße Pflege (siehe Heintges Handbuch der Niederwildhege).

Typische Vegetation: Dornsträucher (Schlehe, Weißdorn, Heckenrose), Haselnuss, Roter Hartriegel, Schwarzer Holunder, Pfaffenhütchen

Typische Tierarten: Neuntöter, Goldammer, Dorngrasmücke, Turteltaube, Haselmaus, Igel, Zauneidechse

Hecke

Schlehe mit Früchten; Wachtelkönig als Art extensiver Feuchtwiesen

Extensiv genutzte Wiesen und Weiden

Entstehung und Merkmale: Wiesen und Weiden sind in Mitteleuropa ebenso wie Hecken vom Menschen geschaffene offene Lebensräume. Sie dienen der dauerhaften Grünfuttergewinnung, wobei Wiesen einmal oder mehrmals pro Jahr gemäht werden, während Weiden vom Vieh beweidet werden. Heu wird nur auf Wiesen gewonnen. Die Vegetation und Tierwelt der Wiesen setzt sich aus sogenannten Offenlandarten zusammen. Viele Pflanzenarten der Wiesen stammen aus Steppenlebensräumen, kommen aber meist seit der Eiszeit zumindest kleinflächig bei uns vor. Auch viele ursprüngliche Steppentiere leben in Wiesen

Unter extensiv genutzten Wiesen versteht man im Naturschutz Flächen mit ein- bis zweimaliger Mahd und nur geringer Düngung. Extensiv genutzte Weiden dürfen nur mit einer geringen Viehdichte und nicht über einen längeren Zeitraum beweidet werden. Extensiv genutzte Wiesen und Weiden sind in der Regel sehr artenreich und stellen hervorragende Lebensräume für das Wild dar. Die langfristige extensive Bewirtschaftung wird in vielen Bundesländern über Naturschutzprogramme und Kulturlandschaftsprogramme gefördert.

Typische Vegetation: neben Gräsern viele Korbblütler (z. B. Wiesen-Margerite, Herbst-Löwenzahn, Wiesen-Bocksbart, Schafgarbe, Wiesen-Flockenblume), Wiesen-Glockenblume und andere Glockenblumen-Arten, Hahnenfuß-Arten, Knöllchen-Steinbrech, Deutscher Enzian (auf Weiden)

Typische Tierarten: Feldhase, Feldmaus, Feldlerche, Rebhuhn, viele Tagfalter

Weitere Lebensräume der Kulturlandschaft (vor allem Wiesen und Äcker) werden in den Heintges Arbeitsblättern „Land- und Waldbau" behandelt.

Vorbemerkungen

Die gesetzliche Regelung der Naturschutzbelange in Deutschland erfolgt durch internationale Rechtsnormen, Bundesgesetze und -verordnungen sowie Ländergesetze und -verordnungen. Die nachfolgenden Arbeitsblätter sollen einen kurzen Überblick über die derzeit in Deutschland geltenden Rechtsvorschriften im Naturschutz vermitteln, die auch die Jagd betreffen. Dabei wird vor allem das Bundesrecht berücksichtigt.

Bei speziellen Rechtsvorschriften für die einzelnen Bundesländer muss an dieser Stelle auf den im jeweiligen Land gültigen Lehrplan und die Landesnaturschutzgesetze verwiesen werden.

Bundesnaturschutzgesetz (BNatSchG)

Das **BNatSchG** vom 4. August 2016 stellt **allgemeine Grundzüge für Naturschutz und Landschaftspflege** auf und regelt den **Arten- und Biotopschutz**. Als Rahmengesetz wird es durch nähere Bestimmungen in den Landesgesetzen ergänzt. Dem Naturschutzrecht unterliegen grundsätzlich **alle wild lebenden Tier- und Pflanzenarten** mit **Ausnahme** jener **Arten, die dem Jagdrecht oder dem Fischereirecht unterliegen**.

Das Bundesnaturschutzgesetz gliedert sich in 11 Kapitel, von denen im Kapitel 4 „Schutz bestimmter Teile von Natur und Landschaft" der Abschnitt 1 Biotopverbund und Biotopvernetzung sowie geschützte Teile von Natur und Landschaft, Abschnitt 2 das Netz Natura 2000 regeln.

- Verschiedene Schutzgebietskategorien werden in den §§ 23 – 29 charakterisiert.
- Besonders schützenswerte Biotope werden in § 30 (gesetzlich geschützte Biotope) behandelt.

Das Kapitel 5 befasst sich mit dem Schutz der wild lebenden Tier- und Pflanzenarten, ihrer Lebensstätten und Biotope. **Das Naturschutzrecht unterscheidet zwischen allgemeinem Schutz und besonderem Schutz.**

- Der Schutz von Pflanzen und Tieren wird in § 37 (Aufgaben des Artenschutzes) geregelt.
- Der allgemeine Schutz von wild lebenden Tieren und Pflanzen ist in **§ 39** (allgemeiner Schutz wild lebender Pflanzen und Tiere) ausführlich beschrieben (z. B. das Verbot, Hecken und lebende Zäune, auch Röhrichte, zwischen dem 1. März und dem 30. September zu schneiden).
- Schutzvorschriften für besonders geschützte Tier- und Pflanzenarten und die Hinweise zur Berücksichtigung internationalen Rechts (insbesondere EU-Recht) enthalten die §§ 44 - 51.

Der besondere Schutz betrifft bestimmte Tier- und Pflanzenarten. Dabei wird unterschieden zwischen besonders geschützten Arten (§ 7, Ziffer 13) und streng geschützten Arten (§ 7, Ziffer 14). **§ 44** verbietet insbesondere Tiere der besonders geschützten Arten zu fangen oder zu töten oder ihre Entwicklungsformen (z. B. Eier) aus der Natur zu entnehmen; Tiere der streng geschützten Arten und der europäischen Vogelarten während der Fortpflanzungs-, Aufzucht-, Mauser-, Überwinterungs- und Wanderungszeiten erheblich zu stören; Fortpflanzungs- oder Ruhestätten der wild lebenden Tiere der besonders geschützten Arten sowie wild lebende Pflanzen der besonders geschützten Arten oder ihre Entwicklungsformen aus der Natur zu entnehmen, sie oder ihre Standorte zu beschädigen oder zu zerstören.

Kapitel 7 regelt die **Erholung in Natur und Landschaft**, unter anderem auch das **freie Betretungsrecht** in der Natur und Freizeitnutzung im Wald **(§ 59)**.

Die besonders geschützten Arten sind in der Bundesartenschutzverordnung (BArtSchV) aufgelistet. Grundsätzlich gilt:

Für jede Nutzung (z. B. Entnahme, Beeinträchtigung, Fang, Töten etc.) von wild lebenden Tieren und Pflanzen muss ein „vernünftiger" Grund vorliegen. Dies gilt auch für „nicht geschützte Arten".

Heintges Thementest
Rechtliche Grundlagen und Strategien des Naturschutzes

Ziele des Naturschutzes

Die Ziele des Naturschutzes und der Landschaftspflege sind in § 1 BNatSchG formuliert:

(1) „Natur und Landschaft sind ... im besiedelten und unbesiedelten Bereich ... so zu schützen, dass
1. die biologische Vielfalt,
2. die Leistungs- und Funktionsfähigkeit des Naturhaushaltes einschließlich der Regenerationsfähigkeit und nachhaltigen Nutzungsfähigkeit der Naturgüter sowie
3. die Vielfalt, Eigenart und Schönheit sowie der Erholungswert von Natur und Landschaft
auf Dauer gesichert sind; ...“

In den folgenden Absätzen werden diese Ziele konkretisiert. Zusammenfassend ergeben sich dort die Forderungen nach

- dem Schutz der Naturgüter Boden, Wasser, Luft, Klima, Tiere und Pflanzen,
- dem Schutz von naturnahen und natürlichen Lebensräumen,
- dem Schutz von wild lebenden Tieren und Pflanzen und
- dem Erhalt des Landschaftsbildes.

Der **„Naturhaushalt“** wird definiert als „die **Naturgüter Boden, Wasser, Luft, Klima, Tiere und Pflanzen** sowie das Wirkungsgefüge zwischen ihnen“ (§ 7, Abs. 1, Satz 2). Während für den Schutz von Gewässern, Boden und Luft eigene rechtliche Vorschriften existieren, sind die gesetzlichen Grundlagen für den Schutz der natürlichen Lebensräume ein herausragender Bestandteil des BNatSchG. Das BNatSchG gibt dabei als Rahmengesetz die Vorgaben, die in den jeweiligen Ländergesetzen spezifiziert werden und in Schutzverordnungen umgesetzt werden müssen. Das wichtigste Instrument des Flächenschutzes ist die Ausweisung zum Schutzgebiet. Die verschiedenen Möglichkeiten, die das BNatSchG hierzu bietet, werden auf den Seiten (N 6.1 ff.) einzeln erläutert.

Landesgesetze und Verordnungen

Das BNatSchG regelt unmittelbar den Naturschutz für das gesamte Bundesgebiet und wird durch die Landesgesetze lediglich ergänzt. Auf die einzelnen Landesgesetze kann an dieser Stelle nicht im Detail eingegangen werden. Über länderspezifische Besonderheiten informieren Sie sich bitte bei Ihrem Ausbilder.

Für weitergehende Informationen zu diesem Thema, insbesondere zu länderspezifischen Prüfungsfragen, verweisen wir auf die Internetpräsentation auf der Webseite „www.jagdtrainer.de“.

Bundesjagdgesetz (BJagdG)

Das Bundesjagdgesetz regelt durch § 2 die Zugehörigkeit einer Säugetier- oder Vogelart zum Jagdrecht und nimmt somit auch direkt Einfluss auf die Bundesartenschutzverordnung. Gleichzeitig regeln die §§ 1 (ergänzt durch die Ausführungen der Landesjagdgesetze), 19 a und 21 die Hegeverpflichtung, die auch die Pflicht zum Lebensraumschutz mit beinhaltet. Die Bedeutung des BJagdG für die Integration von Jagd und Naturschutz wird auf Seite N 1.5 ausführlich dargestellt.

Bundesartenschutzverordnung (BArtSchV)

Die BArtSchV basiert auf § 54 BNatSchG und regelt, welche Pflanzen- und Tierarten unter den **„besonderen Schutz" des § 44 BNatSchG** fallen.

In den Listen im Anhang der BArtSchV sind die besonders geschützten Tier- und Pflanzenarten einzeln aufgeführt. Ein Teil der Arten gilt als streng geschützt. Für diese Arten gelten weiterreichende Bestimmungen nach § 44 BNatSchG. Anhang 1 betrifft hierbei die heimischen Arten.

Grundsätzlich sind nach der BArtSchV alle wild lebenden heimischen Wirbeltierarten geschützt, sofern sie nicht dem Jagd- oder Fischereirecht unterliegen. Dazu kommt eine Reihe von wirbellosen Tieren. Auch eine Vielzahl von Pflanzenarten, darunter z. B. Stranddistel, Arnika, Silberdistel und alle Enzianarten werden in der BArtSchV genannt. Viele Arten, die nach § 7, Absatz 2, Nr. 10 und 14 BNatSchG besonders oder streng geschützt sind, werden in der BArtSchV nicht mehr aufgeführt. Dazu zählen z. B. alle Orchideenarten.

Unter den Säugetieren gibt es einige wenige Ausnahmen von nicht geschützten Arten:

- **Scher-, Rötel-, Erd-, Feld- und Hausmaus**
- **Wanderratte, Hausratte**
- **Bisam**
- **Nutria, Mink, Marderhund, Waschbär**

(diese 4 Arten unterliegen in den meisten Bundesländern dem Jagdrecht)

Allerdings dürfen auch diese Arten nach dem Tierschutz nicht ohne vernünftigen Grund getötet werden. Alle europäischen Vogelarten gelten nach § 7, Absatz 2, Nr. 12 BNatSchG als besonders geschützt.

Daneben werden die streng geschützten Arten explizit in Anlage 1 der BArtSchV aufgelistet, darunter auch die 3 dem Jagdrecht unterstehenden Arten Moorente, Auerwild und Birkwild. Dies bedeutet, dass somit alle jagdbaren Vogelarten neben dem Jagdrecht auch der Bundesartenschutzverordnung unterstellt sind, da in Anlage 1 im Gegensatz zu den Säugetieren nicht auf das Jagdrecht hingewiesen wird. Trotzdem genießt das Jagdrecht beim Federwild (= Artenkatalog aus § 2 BJG) Vorrang vor dem Naturschutzrecht.

Alle geschützten Arten dürfen nicht gefangen, verletzt oder getötet (Tiere) bzw. gesammelt oder ausgegraben (Pflanzen) werden. Weiterhin gilt ein Verbot der Inbesitznahme (z. B. von toten Vögeln).

Verstöße gegen bestehende Verbote des BNatSchG oder der BArtSchV werden in bestimmten Fällen nicht mehr nur als Ordnungswidrigkeit behandelt, sondern unter Androhung von Geld- und Freiheitsstrafen strafrechtlich verfolgt. Dies gilt vor allem für vorsätzliche und gewohnheitsmäßige Verstöße gegen artenschutzrechtliche Bestimmungen. Die Anhänge der BArtSchV sind im Internet abrufbar.

Bundeswildschutzverordnung (BWildSchV)

Arten die dem Jagdrecht unterliegen

Die Bundeswildschutzverordnung basiert auf § 36 des BJG und dient dem Schutz der heimischen, dem Jagdrecht unterliegenden Arten. In den Anhängen 1 - 5 der BWildSchV wird geregelt:

Anhang 1	welche Arten der Jagdausübungsberechtigte für sich selbst verwerten oder verschenken darf
Anhang 2	welche Arten er gewerblich verkaufen darf
Anhang 3	welche Arten er nicht gewerblich verkaufen darf
Anhang 4	nennt die Greifvogelarten, deren Haltung in § 3 BWildSchV geregelt wird
Anhang 5	listet die Arten auf, für die man, wenn man sie tot oder lebendig in Verkehr bringt, ein Aufnahme- oder Auslieferungsbuch führen muss

Europäisches Recht: FFH-Richtlinie und EU-Vogelschutzrichtlinie

Das wichtigste Ziel der „Richtlinie zur Erhaltung der natürlichen Lebensräume sowie der wild lebenden Tiere und Pflanzen" (Richtlinie 92/43/EWG = Fauna-Flora-Habitat-Richtlinie = FFH-Richtlinie) aus dem Jahr 1992 ist die Errichtung eines **großräumigen Netzes von Schutzgebieten**, das unter dem Namen **Netzwerk Natura 2000** in Art. 3 der Richtlinie gefordert wird. Die FFH-Richtlinie stellt zusammen mit der EU-Vogelschutzrichtlinie (= Richtlinie 2009/147/EG), welche die FFH-Richtlinie um die europäischen Vogelarten ergänzt, die wichtigste rechtliche Grundlage für den Arten- und Biotopschutz in der EU dar. Sie ist unter dem Namen „Netz Natura 2000" in § 32 Abschnitt 2 BNatSchG verankert.

Artenreiche extensiv genutzte Mähwiesen im montanen Bereich zählen zu den geschützten Lebensräumen.

Hochmoore und die angrenzenden Moorwälder (hier mit Bergkiefern als dominanter Baumart) zählen zu den prioritären Lebensräumen der FFH-Richtlinie.

Die FFH-Richtlinie hat die folgenden inhaltlichen Schwerpunkte:

- **Die Einrichtung von Schutzgebieten im Rahmen von Natura 2000.**
Schutzgebiete nach Artikel 3 (1) FFH-Richtlinie und SPA-Gebiete (special protected areas = Europäische Vogelschutzgebiete, ESV auch Besonderes Schutzgebiet, BSG) nach Art. 4 (1) der Vogelschutzrichtlinie bilden ein kohärentes europäisches ökologisches Netz besonderer Schutzgebiete mit der Bezeichnung Natura 2000. Diese Schutzgebiete genießen auch nach § 33 BNatSchG einen herausragenden Schutzstatus (siehe Seite N 6.1 ff.).

- **Die Ausweisung von „natürlichen Lebensräumen von gemeinschaftlichem Interesse" nach Art. 1 c)**, die als Lebensraumtyp an sich und nicht wegen der dort vorkommenden Tier- und Pflanzenarten geschützt werden sollen. Für den Erhalt der „prioritären natürlichen Lebensraumtypen" nach Art. 1 d) besteht eine besondere Schutzpflicht für die Mitgliedsstaaten, in denen sie vorkommen. Diese Lebensräume sind in einem günstigen Erhaltungszustand zu erhalten oder dieser ist wiederherzustellen **(„Verschlechterungsverbot")**.

Diese Lebensraumtypen sind in Anhang I der FFH-Richtlinie aufgeführt; prioritäre natürliche Lebensraumtypen sind mit einem Sternchen (*) gekennzeichnet. Zu den geschützten natürlichen Lebensräumen zählen beispielsweise extensiv genutzte Mähwiesen, Hainsimsen-Buchenwälder und Orchideen-Buchenwälder. Zu den prioritären Lebensräumen gehören unter anderem Hochmoore, Moorwälder und montane Borstgrasrasen.

In Anhang IV werden Tier- und Pflanzenarten von gemeinschaftlichem Interesse aufgelistet, für die ein strenger Schutz notwendig ist. Dazu gehören bei den Tieren unter anderem alle Fledermausarten, Feldhamster, Zauneidechse, Laubfrosch und Apollofalter. Streng geschützte Pflanzenarten sind Frauenschuh, Sumpf-Engelwurz und Bayerisches Federgras.

Für die Erhaltung der auf **Anhang II** genannten Tier- und Pflanzenarten müssen zusätzlich besondere Schutzgebiete ausgewiesen werden. Dies gilt auch für Vogelarten auf **Anhang I der EU-Vogelschutzrichtlinie**. Beispiele für streng geschützte Arten sind Frauenschuh, Biber, Eisvogel, Weißstorch, Kammmolch und Hirschkäfer. Alle heimischen Fledermausarten sind entweder auf Anhang II oder IV verzeichnet. Mit Luchs, Fischotter, Wildkatze, Auer-, Birk- und Haselwild gelten auch Arten als streng geschützt, die dem Jagdrecht unterliegen. In diesen Fällen lassen sich auch weitreichende Hegemaßnahmen (z. B. Ausweisung von Ruhezonen) mit den Verpflichtungen aus der FFH-Richtlinie begründen.

Intern. Übereinkommen - Washingtoner Artenschutzübereinkommen (WA)

Das Washingtoner Artenschutzübereinkommen (WA) (auch bekannt als CITES = Convention on International Trade in Endangered Species) wurde 1973 in Washington beschlossen und trat 1976 in Deutschland in Kraft. Das Ziel des WA ist, den grenzüberschreitenden Handel von gefährdeten, frei lebenden Pflanzen und Tieren sowie den aus ihnen gewonnenen Produkten (z. B. Elfenbein, Leder) durch ein System von Ein- und Ausfuhrbestimmungen und darauf basierenden Kontrollen und Verboten zu regulieren.

Das WA enthält derzeit Handelsbeschränkungen für weltweit rund 8.000 Tierarten und rund 40.000 Pflanzenarten. In der EU und in der nationalen Gesetzgebung wird das WA über die EU-Richtlinie 338/97 umgesetzt. In 3 Anhängen zum WA wird der Handel mit bestimmten Arten, abhängig vom Grad der Gefährdung, entweder eingeschränkt oder verboten. Nach dem WA sind u. a. geschützt: Orchideen, Kakteen, Papageien, Echte Katzen. Das WA muss von Jägern bei der **Auslandsjagd sehr genau beachtet** werden, da es auch die **Ein- und Ausfuhr von Trophäen** regelt.

Anhänge zum WA	Inhalt: (Änderungen werden bei regelmäßigen Konferenzen der Vertragsstaaten beschlossen)
Anhang I	beinhaltet die vom Aussterben bedrohten Tier- und Pflanzenarten, deren Handel nur in Ausnahmefällen zugelassen wird
Anhang II	weist jene Arten aus, die nur mit Genehmigung des Ausfuhrlandes in beschränktem Maß gehandelt werden dürfen
Anhang III	listet diejenigen Arten auf, die in bestimmten Ländern einer besonderen Regelung unterstehen

RAMSAR-Konvention müssen wir aufzählen können

Die RAMSAR-Konvention (in Deutschland seit 1976 in Kraft) dient dem weltweiten Schutz von Feuchtgebieten (z. B. Flussläufe, Seen, Küstenstreifen, Korallenriffe) als Lebensraum für Wasser- und Watvögel und ist von internationaler Bedeutung. Das Abkommen hat zum Ziel, international bedeutende Feuchtgebiete mit ihren Vorkommen an Wasser- und Watvögeln ganzjährig zu schützen und langfristig zu erhalten sowie ihre Entwicklung zu sichern und zu fördern. Feuchtgebiete dienen vielen seltenen und gefährdeten, aber auch wichtigen jagdbaren Vogelarten (z. B. viele Entenvögel) als **Rast-, Mauser- und Überwinterungsgebiete**.
Jeder der Ramsar-Konvention beigetretenen Staaten muss mindestens ein Gebiet unter den Schutz der Konvention stellen und in die Liste der international bedeutsamen Feuchtgebiete eintragen lassen. Zu den aufgenommenen 31 Ramsar-Gebieten in Deutschland zählen z. B. weite Teile des Wattenmeers, die Niederung der Unteren Havel, das Wollmatinger Ried und das Giehrenmoos am Bodensee, der Ammersee, der Starnberger See und der Chiemsee.

Weitere Übereinkommen

Die **Berner Konvention** stellt ein Übereinkommen zur **Erhaltung der europäischen wild lebenden Pflanzen und Tiere sowie ihrer natürlichen Lebensräume** dar. Sie regelt unterschiedlich strengen Schutz von Tier- und Pflanzenarten sowie ihrer natürlichen Lebensräume. Artenschutzrechtlich wird das Übereinkommen im BNatSchG und der BArtSchV umgesetzt, die Forderung nach dem Erhalt der Lebensräume war die Grundlage für die Entwicklung der FFH-Richtlinie.
Die **Bonner Konvention** dient dem **Erhalt der wandernden wild lebenden Tierarten** und gilt in Deutschland seit 1984. Sie erhält unter anderem Bestimmungen für den Erhalt und die Wiederherstellung der Lebensräume und des Netzes von Schutzgebieten entlang der Wanderrouten.
Die Konvention zum Schutz der biologischen Vielfalt **(Biodiversitätskonvention)** wurde 1992 in Rio de Janeiro im Rahmen der Konferenz für Umwelt und Entwicklung (UNCED) der Vereinten Nationen von über 150 Staaten unterzeichnet. In Deutschland trat das internationale Abkommen 1993 in Kraft. Die Konvention enthält Verpflichtungen zum Schutz der Arten innerhalb und außerhalb ihrer natürlichen Lebensräume und schreibt für die **Nutzung der natürlichen Ressourcen das Prinzip der Nachhaltigkeit** fest.
Die **Alpenkonvention (CIPRA)** wurde 1994 verabschiedet. Hierbei wurde erstmals eine umfassende, **ökologisch bestimmte Entwicklungsstrategie** für einen geographischen Großraum (nämlich den gesamten **Alpenraum**) festgelegt, an der mehrere souveräne Staaten gemeinsam beteiligt sind.

Nennen Sie 4 internationale Abkommen zum Schutz der Natur.

Wissen das es 4 Ebenen gibt.

Aufbau und Organisation der Naturschutzbehörden

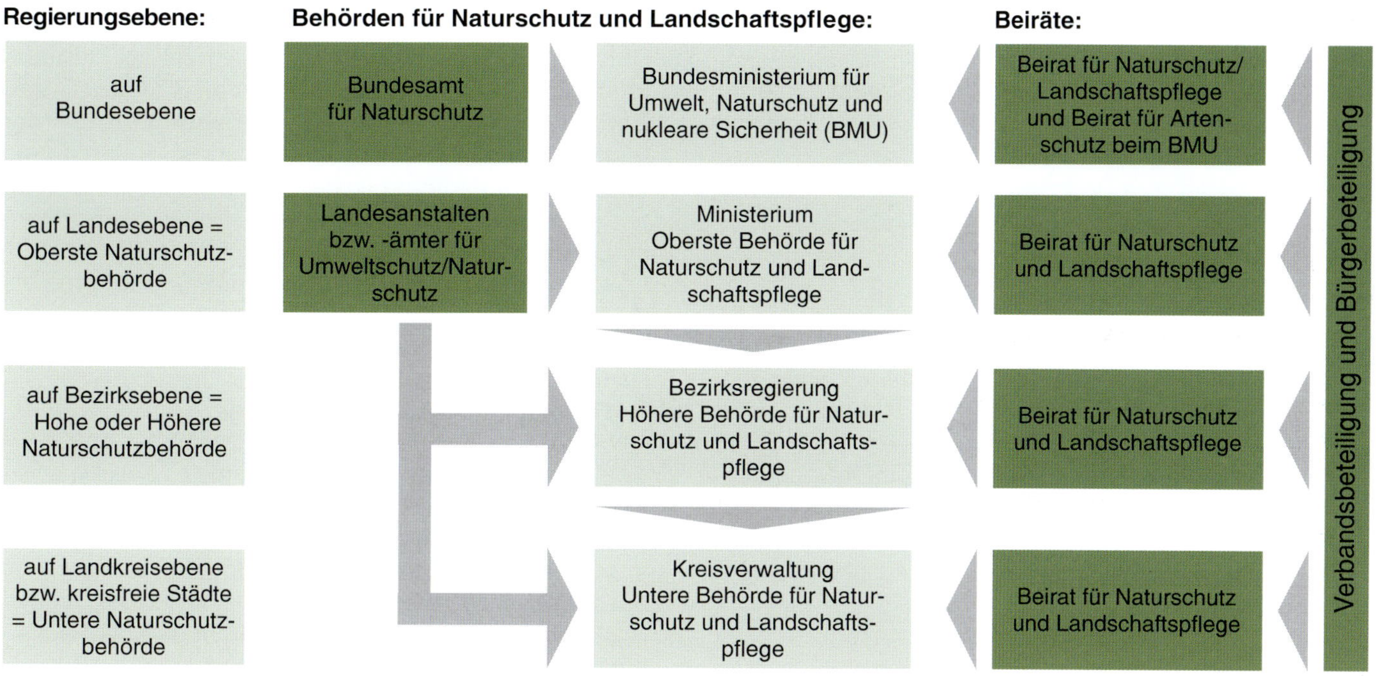

(Darstellung nach Infoschrift des Bundesamt für Naturschutz)

Die rechtlichen Rahmenbedingungen des Naturschutzes in Deutschland regelt das **Bundesministerium für Umwelt, Naturschutz und nukleare Sicherheit (BMU)**; soweit das Jagd- oder Fischereirecht berührt wird, im Einvernehmen mit dem **Bundesministerium für Ernährung und Landwirtschaft (BMEL)**.

Die entsprechenden Rechtsverordnungen werden zu geltendem Recht nach Verabschiedung durch den Bundestag mit **Zustimmung des Bundesrates**.

Wissenschaftliche Behörde ist auf Bundesebene das **Bundesamt für Naturschutz (BfN)**.

Weitere Fachbehörden auf Landesebene sind u. a.:
- Landesanstalten und Landesämter für Naturschutz,
- Landesämter für Wasserwirtschaft,
- Geologische Landesämter,
- Landesämter für Natur und Umwelt, etc.
- Akademie für Naturschutz und Landschaftspflege.

Die Länder haben in den Naturschutzgesetzen die Zuständigkeiten geregelt und auch für den ehrenamtlichen Bereich Vorschriften erlassen.

Soweit das BMU von seiner Ermächtigung keinen Gebrauch macht, können die Länder entsprechende weitergehende Regelungen zum Schutz von Tier- und Pflanzenarten und zum Biotop- und Landschaftsschutz treffen.

Naturschutzbehörden in den meisten Ländern sind ähnlich wie die Jagdbehörden **dreistufig aufgebaut**. Entsprechend unterscheidet man bei den Zuständigkeiten überwiegend zwischen (siehe Grafik oben)
- **Oberste Naturschutzbehörde**
- **Hohe oder Höhere Naturschutzbehörde**
- **Untere Naturschutzbehörde**

Allen Naturschutzbehörden stehen kompetente **Naturschutzbeiräte** bzw. **Fachbehörden** zur Unterstützung bzw. wissenschaftlichen und fachlichen Beratung beiseite. Bei diesen Beiräten handelt es sich z. B. um
- Verwaltungs- und Naturschutzfachkräfte sowie
- ehrenamtlich tätige Sachverständige.

Naturschutzfachkräfte sind z. B. Landschaftspfleger, Biologen, Land- und Forstwirte usw. In einigen Bundesländern beruft die Untere Naturschutzbehörde Naturschutzbeauftragte, welche die Naturschutzbehörde in allen Angelegenheiten des Naturschutzes und der Landschaftspflege beraten und unterstützen.

Beratende Funktion haben u. a. auch die anerkannten Verbände (nach **§ 3 UmwRG**) wie z. B.
- Bund für Umwelt und Naturschutz Deutschland e. V. (BUND)
- Deutscher Alpenverein e. V. (DAV)
- Landesbund für Vogelschutz e. V.
- Landesgemeinschaft Naturschutz und Umwelt (LNU)
- **Deutscher Jagdverband (DJV)**
- **Landesjagdverbände**, Landesfischereiverbände
- Naturschutzbund Deutschland (NABU)
- Schutzgemeinschaft Deutscher Wald e. V.

Naturschutzwacht und ähnliche Institutionen (Änderungen vorbehalten)

Auf Ebene der Unteren Naturschutzbehörde (z. B. in den Kreisverwaltungen, Stadtverwaltungen) sind ehrenamtlich auch Angehörige der **Naturschutzwacht** (z. B. in Bayern, Berlin) tätig.

Ihre Aufgabe ist u. a. Verstöße gegen Vorschriften des Naturschutzes, deren Übertretung mit Geld- oder Strafbußen bedroht ist,

- festzustellen,
- zu verhüten oder
- zu unterbinden und
- bei der Verfolgung solcher Zuwiderhandlungen mitzuwirken.

In diesem Zusammenhang haben sie zum Teil auch beschränkt hoheitliche Befugnisse (als Hilfsbeamte der Staatsanwaltschaft) wie in etwa:

- sie können innerhalb ihres Gebietes Amtshandlungen vornehmen,
- Personalien feststellen (Personen anhalten),
- Personen der Polizei übergeben,
- Ortsverweise erteilen,
- unberechtigt entnommenes Gut und verbotene Gegenstände sicherstellen etc.

Entsprechende Hilfskräfte zur Unterstützung der Naturschutzbehörden mit in den einzelnen Bundesländern zum Teil unterschiedlichen Aufgaben und Befugnissen sind z. B. auch Angehörige folgender Institutionen:

- **Naturschutzdienst** (in Baden-Württemberg, Saarland)
- **Naturschutzwart** (in Bremen)
- **Landschaftswart** (in Schleswig-Holstein)
- **Landschaftsüberwachungsdienst** (in Hessen)
- Landschaftswacht (in Niedersachsen, NRW)
- **ähnliche Institutionen** (in Hamburg, Rheinland-Pfalz) sowie auch
- Beauftragte für Landschaftspflege.

Entsprechende oder in der Zielrichtung ähnliche anerkannte Verbände gibt es auch in allen anderen Bundesländern (siehe untere Zusammenfassung).
In einzelnen Bundesländern sind ihnen ihre Aufgaben ausdrücklich zugewiesen und sie sind (soweit festgelegt) auch zur Erteilung von Verwarnungen mit Verwarnungsgeld ermächtigt.
Ihre Bestellung und Organisation ist länderunterschiedlich geregelt. Für erforderliche Dienstausweise und Dienstabzeichen bestehen in den meisten Ländern entsprechende Regelungen.

Regelungen in den Bundesländern (Änderungen vorbehalten)

Baden-Württemberg:
Die Unteren Naturschutzbehörden haben einen oder mehrere ehrenamtliche Beauftragte für Naturschutz.
Bayern:
Die Unteren Naturschutzbehörden können als Naturschutzwacht Hilfskräfte mit bestimmten Befugnissen einstellen.
Berlin:
Die Oberste Naturschutzbehörde kann geeignete Personen ehrenamtlich als Naturschutzwacht beauftragen.
Brandenburg:
Die Unteren Naturschutzbehörden ernennen Naturschutzbeauftragte mit beratender Funktion und können auch Naturschutzhelfer ernennen.
Bremen:
Die Untere Naturschutzbehörde kann geeignete Personen als Naturschutzwarte bestellen.
Hamburg:
Zurzeit gibt es keine Zusatzregelung.
Hessen:
Auf Landes-, Kreis- und Gemeindeebene werden Beauftragte für Vogelschutz (ohne Kompetenzen) ernannt.
Mecklenburg-Vorpommern:
Bisher keine weitergehenden Regelungen.
Niedersachsen:
Die Naturschutzbehörden können eine Landschaftswacht bilden.
Nordrhein-Westfalen:
Die Untere Landschaftsbehörde kann Personen für eine Landschaftswacht bestellen (auf Vorschlag des Beirates zur Soll-Bestimmung ausweitbar).
Rheinland-Pfalz:
Die Untere Behörde kann auf Vorschlag des Beirates Beauftragte für Landespflege ernennen.
Sachsen:
Bei den Unteren Naturschutzbehörden wird ein Naturschutzdienst, u. a. Naturschutzbeauftragte, geschaffen.
Sachsen-Anhalt:
Zur Unterstützung der Behörden können ehrenamtliche Personen als Naturschutzhelfer eingesetzt werden.
Schleswig-Holstein:
Von verschiedenen Verwaltungen bzw. der Unteren Behörde können Landschaftswarte mit bestimmten Kompetenzen ernannt werden.
Thüringen:
Bei den Unteren Naturschutzbehörden sind Naturschutzbeauftragte mit beratender Funktion zu ernennen.

Aufgaben und Ziele des Deutschen Jagdverbands e. V. (DJV) und der Landesjagdverbände

Der DJV als Dachverband und die meisten angehörenden Landesjagdverbände sind nach § 3 UmwRG vom Bund anerkannte Naturschutzvereinigungen.

Jäger sind nach entsprechender Aus- und Weiterbildung für die Umsetzung von praktischen Naturschutzaufgaben besonders geeignet. Als einziger Naturschutzverband sind sie flächendeckend vertreten, da alle Bereiche zu einem Jagdbezirk gehören. Besondere Motivation der Jäger ist das Naturerlebnis und nicht zuletzt der Jagderfolg als Gewinn. Aber nicht nur durch das Anlegen von Hecken und anderen Biotopen, sondern auch durch die praktische Jagdausübung leisten die Jäger einen wichtigen Beitrag zum Naturschutz. Die Aufgaben und Ziele des DJV und seiner Landesjagdverbände sind in deren Satzungen definiert.

Aufgaben und Ziele der Jagd und Jäger sind unter anderem:
- nachhaltige Nutzung und Regulierung von Wildbeständen einschließlich Prädatoren (Räuber), wenn diese andere Tierarten in ihrem Bestand bedrohen oder deren nachhaltige Nutzung beeinträchtigen
- Erhaltung eines den landschaftlichen und landeskulturellen Verhältnissen angepassten artenreichen und gesunden Wildbestandes (Wildhege)
- Pflege und Sicherung seiner Lebensgrundlagen (Biotophege) sowie Berücksichtigung der Belange des Tierschutzes
- Wildschäden in einer ordnungsgemäß betriebenen Land-, Forst- und Fischereiwirtschaft möglichst zu vermeiden
- Sorge zu tragen, dass die zum Schutz des Wildes und der Jagd erlassenen Vorschriften eingehalten werden (nach DJV-Schrift „Jagd heute“)

Zweck des Verbandes ist die Förderung der frei lebenden Tierwelt im Rahmen des Jagdrechtes, des Natur-, Umwelt- und Tierschutzes, Biotop- und Landschaftsschutzes. Die Anerkennung nach § 3 UmwRG berechtigt und verpflichtet den DJV und seine Landesverbände zur Stellungnahme und zur Einsicht in die einschlägigen Sachverständigengutachten unter anderem bei der Vorbereitung von Verordnungen und anderen Rechtsvorschriften auf dem Gebiet des Naturschutzes und der Landschaftspflege, in Planfeststellungsverfahren, wenn es sich um Vorhaben handelt, die mit **Eingriffen in Natur und Landschaft (§ 14 BNatSchG)** verbunden sind, etc.

Den nach § 3 des Umwelt-Rechtsbehelfsgesetzes von einem Land anerkannten Landesjagdverbänden, ist Gelegenheit zur Stellungnahme und zur Einsicht in die einschlägigen Sachverständigengutachten zu geben, unter anderem
- bei der Vorbereitung von Programmen und Plänen im Sinne der §§ 10 und 11 BNatSchG, bei der Vorbereitung von Plänen im Sinne des § 36 Satz 1 Nummer 2 BNatSchG,
- bei der Vorbereitung von Programmen staatlicher und sonstiger öffentlicher Stellen zur Wiederansiedlung von Tieren und Pflanzen verdrängter wild lebender Arten in der freien Natur,
- vor der Erteilung von Befreiungen von Geboten und Verboten zum Schutz von Gebieten im Sinne des § 32 Absatz 2, Natura 2000-Gebieten, Naturschutzgebieten, Nationalparks, Nationalen Naturmonumenten und Biosphärenreservaten, auch wenn diese durch eine andere Entscheidung eingeschlossen oder ersetzt werden,
- in Planfeststellungsverfahren, wenn es sich um Vorhaben im Gebiet des anerkennenden Landes handelt, die mit Eingriffen in Natur und Landschaft verbunden sind.

Die **Stellungnahmen der Verbände** werden in Anhörungsterminen vorgetragen und sollen bei der Durchführung des Vorhabens Berücksichtigung finden. In einigen Landesjagdverbänden gibt es bereits entsprechende Rahmenkonzepte für eine Zusammenarbeit mit dem Naturschutz (z. B. Baden-Württemberg: Grundsatzprogramm Naturschutz und Jagd; Bayern: Verein zur Förderung der frei lebenden Tierwelt; Nordrhein-Westfalen: Düsseldorfer Vereinbarung (BUND, NABU, LNU, LJV).

- Diese Rahmenkonzepte beschreiben die wesentlichen Aufgaben der Jäger im Natur- und Artenschutz.
- Sie dokumentieren gleichzeitig die Gemeinschaftsaufgaben aller im Naturschutz tätigen Verbände.

Diese Gemeinsamkeiten beziehen sich insbesondere auf die Rettung der Artenvielfalt, Erhaltung der Artqualität und Erhaltung bzw. Wiederherstellung von intakten Biotopen (Lebensräumen).

A

B

D

E

F

G

H

Bildquellennachweis:

Die Abkürzungen nach der Seitenangabe bedeuten: o = oben; u = unten; m = mitte; r = rechts

Farbgrafiken:
Die Abbildungen der geschützten Vögel wurden entnommen aus „Brunn/Singer/König - Der Kosmos Vogelführer". Die Wiedergabe erfolgt mit freundlicher Genehmigung der Franckh´schen Verlagshandlung Stuttgart.

weitere Zeichnungen / Grafiken: Heintges Lehr- und Lernsystem GmbH

Titel:
© Dr. W. Völkl (ol)
© E. Höfer (or)
© Robby Boehme / Fotolia.com (ul)
© dieter 76 / Fotolia.com (ur)

Inhalt:
© K. Schmidt (N 1.1 / 1.2 r / 3.1 o + m / 3.2 ol + m + u / 3.4 / 3.5 ul + ur / 3.6 l + m / 4.1 u / 4.2 / 4.3 l / 4.6 / 4.7 / 4.8 r / 5.3 o + om + um / 6.3 u / 7.2 / 7.6 r / 8.3 ol + ul / 8.4 ur + ul / 8.5 om / 8.6 ol + ur / 8.9 om / 8.11 l / 9.8 om / 9.9 / 9.12 / 9.13 u / 9.14 m + u / 9.15 ol / 9.16 or / 10.11 / 11.2 / 11.3 r / 11.9)
© Dr. W. Völkl (N 1.2 l / 1.3 / 1.4 u / 1.5 o / 3.1 u / 3.2 or / 3.3 / 3.5 o / 4.3 r / 4.5 / 4.8 l / 5.1 / 5.2 / 6.3 o / 7.7 r / 7.8 or + ol + ur / 8.2 om + or + u / 8.3 or + ur / 8.4 ol + or + um / 8.5 ol + ul + um / 8.7 ol + om + ur + ul / 8.8 ol + u / 8.9 ol + ul + ur / 8.10 ol + ul + uml + umr + ur / 8.11 r / 9.1 um + u / 9.5 o + 1. Bildreihe Bild 1 - 3 + 2. Bildreihe Bild 1 - 4 + u / 9.6 / 9.7 o + ur / 9.8 o + m + um + u / 9.10 / 9.11 o + u / 9.16 om / 11.3 l / 11.4 / 11.5 / 11.6 o / 11.7 u / 12.4)
© charly lippert / Fotolia.com (N 1.4 o)
© Friedrich Hartl / Fotolia.com (N 1.5 u)
© Torsten Jantsch / Fotolia.com (N 2.2 l)
© H. Haverland (N 2.2 r)
© sid221 / Fotolia.com (N 3.6 r)
© Christian Musat / Fotolia.com (N 4.1 ol)
© laobi / Fotolia.com (N 4.1 or / 8.8 or)
© Heinz Waldukat / Fotolia.com (N 4.9)
© Heintges Lehr- und Lernsystem GmbH (N 5.3 u / 6.1 / 6.4 / 9.4 om)
© Otto Durst / Fotolia.com (N 5.4)
© tinella 116 / Fotolia.com (N 6.2 o)
© patron74 / Fotolia.com (N 6.2 m)
© Kosta Mücke / Fotolia.com (N 6.2 u)
© Dr. H. Kilias (N 6.5 / 7.7 l / 7.8 ul / 8.11 m)
© Sarah Beer (N 7.6 l / 8.6 mr)
© emer / Fotolia.com (N 8.2 ol)
© usankova 312 / Fotolia.com (N 8.5 or)
© Schmutzler-Schaub / Fotolia.com (N 8.5 ur / 11.7 m)
© Bozena Pisarska / Fotolia.com (N 8.6 or)
© Artenex / Fotolia.com (N 8.6 ul)
© Jacopo / Fotolia.com (N 8.7 or)
© E. Höfer (N 8.8 om)
© Leonid Ikan / Fotolia.com (N 8.9 or)
© jenesesimre / Fotolia.com (N 9.3 o)
© brudertack69 / Fotolia.com (N 9.4 o)
© rboehme / Fotolia.com (N 9.5 - 1. Bildreihe Bild 4)
© silvioheidler / Fotolia.com (N 9.7 m)
© bennytrapp / Fotolia.com (N 9.7 ul)
© lfrabanedo / Fotolia.com (N 9.11 m)
© viennapro / Fotolia.com (N 9.13 o)
© carmenrieb / Fotolia.com (N 9.13 m)
© K. Höltke (N 9.14 o)
© katpaws / Fotolia.com (N 9.15 om)
© abg / Fotolia.com (N 9.15 or)
© dule 964 / Fotolia.com (N 9.15 u)
© Elgreco111 / Fotolia.com (N 9.16 ol)
© Julia Naether / Fotolia.com (N 11.6 u)
© ruzi / Fotolia.com (N 11.7 o)
© Robby Boehme / Fotolia.com (N 11.8 ol)
© animaflora / Fotolia.com (N 11.8 or)
© Harald Florian / Fotolia.com (N 11.8 u)

Arbeitsblätter
(Wildkrankheiten, Versorgen und Verwerten von Wild; Waffen-Munition; Haarwild; Federwild; Jagdhunde; Jagdliche Praxis; Land- und Waldbau, Wildhege; Naturschutz; Jagdrecht Bayern; Waffenrecht)
Der methodisch didaktische Aufbau der Arbeitsblätter und die Einteilung in kleine Lerneinheiten ermöglicht ein effektives und schnelles Lernen.

www.jagdtrainer.de
(Das interaktive Online-Lernprogramm zur Vorbereitung auf die Jägerprüfung; läuft auch auf allen Apple- und Android-Geräten)